全国专业技术人员新职业培训教程

大数据工程技术人员 中级

大数据处理

人力资源社会保障部专业技术人员管理司　组织编写

中国人事出版社

图书在版编目(CIP)数据

大数据工程技术人员. 中级:大数据处理/人力资源社会保障部专业技术人员管理司组织编写. -- 北京:中国人事出版社,2024. --(全国专业技术人员新职业培训教程). -- ISBN 978-7-5129-2014-9

Ⅰ. TP274

中国国家版本馆 CIP 数据核字第 2024BZ2626 号

中国人事出版社出版发行

(北京市惠新东街 1 号　邮政编码:100029)

*

三河市潮河印业有限公司印刷装订　新华书店经销

787 毫米 ×1092 毫米　16 开本　17 印张　254 千字

2024 年 9 月第 1 版　2024 年 9 月第 1 次印刷

定价:48.00 元

营销中心电话:400-606-6496

出版社网址:http://www.class.com.cn

本书编委会

指导委员会

主　　任：梅　宏

副 主 任：朱小燕　刘明亮　左仁贵

委　　员：谭志彬　朱　敏　陈　钟　王春丽　穆　勇

编审委员会

总 编 审：林子雨

副总编审：程志友　金　莹　龚玉涵

主　　编：郝志强

副 主 编：沙　瀛　刘　璟

编写人员：张大斌　王　彬　徐　丹　岳伟挺　漆为民　田生伟

刘建华　徐　斌

主审人员：闫　河　靳国斌

出版说明

当今世界正经历百年未有之大变局，我国正处于实现中华民族伟大复兴关键时期。在全球经济低迷，我国加快形成以国内大循环为主体、国内国际双循环相互促进的新发展格局背景下，数字经济发挥着提振经济的重要作用。党的十九届五中全会提出，要发展战略性新兴产业，推动互联网、大数据、人工智能等同各产业深度融合，推动先进制造业集群发展，构建一批各具特色、优势互补、结构合理的战略性新兴产业增长引擎。党的二十大提出，加快发展数字经济，促进数字经济和实体经济深度融合，打造具有国际竞争力的数字产业集群。“十四五”期间，数字经济将继续快速发展、全面发力，成为我国推动高质量发展的核心动力。

近年来，人工智能、物联网、大数据、云计算、数字化管理、智能制造、工业互联网、虚拟现实、区块链、集成电路等数字技术领域新职业不断涌现，这些新职业从业人员通过不断学习与探索，将推动科技创新、释放巨大能量，推动人们生产生活方式智能化、智慧化、数字化，推动传统产业转型升级，为经济高质量发展注入强劲活力。我国在技术、消费与应用领域具备数字经济创新领先优势，但还存在数字技术人才供给缺口较大、关键核心技术领域自主创新能力不足、数字经济与实体经济融合的深度和广度不够等问题。发展数字经济，推进数字产业化和产业数字化，推动数字经济和实体经济深度融合，急需培育壮大数字技术工程师队伍。

人力资源社会保障部会同有关行业主管部门陆续制定颁布数字技术领域国家职业标准，坚持以职业活动为导向、以专业能力为核心，遵循人才成长规律，对从业人员的理论知识和专业能力提出综合性引导性培养标准，为加快培育数字技术人才提供基本依据。根据《人力资源社会保障部办公厅关于加强新职业培训工作的通知》（人社厅发〔2021〕28 号）要求，为提高新职业培训的针对性、有效性，进一步发挥新职业培训促进更好就业的作用，人力资源社会保障部专业技术人员管理司组织相关领域的专家学者编写了全国专业技术人员新职业培训教程，供相关领域开展新职业培训使用。

本系列教程依据相应国家职业标准和培训大纲编写，划分初级、中级、高级三个等级，有的职业划分若干职业方向。教程紧贴数字技术人员职业活动特点，定位于全国平均水平，且是相关数字技术人员经过继续教育或岗位实践能够达到的水平，突出该职业领域的核心理论知识、主流技术及未来发展要求，为教学活动和培训考核提供规范和引导，将帮助广大有意或正在从事数字技术职业的人员改善知识结构、掌握数字技术、提升创新能力。

希望本系列教程的出版，能够在加强数字技术人才队伍建设、推动数字经济快速发展中发挥支持作用。

目　录

第一章
大数据应用开发

在数据技术（Data Technology，DT）时代，随着数字化和智能化的快速发展，数字技术在企业发展中的重要性越来越突出。数据发挥着极其重要的作用和价值，如同黄金和货币一样，数据已经成为一种新的经济资产类别。鉴于数据有如此大的商业价值，大数据行业和技术应运而生，并持续蓬勃发展。

本章将介绍大数据应用开发的核心内容，主要从大数据系统组件接口、业务库表结构设计及开发、计算服务开发、单元测试、集成测试及灰盒测试等技术出发，围绕应用服务开发和系统测试两个环节展开讲解。本章包括应用服务开发、系统测试两个小节。

- **职业功能：**大数据应用开发。
- **工作内容：**应用服务开发、系统测试。
- **专业能力要求：**能根据系统所使用的组件接口，开发相应的数据访问层业务代码；能根据大数据存储系统结构，设计对接业务库表结构；能根据产品业务需求，开发相应数据或计算接口；能根据流程图梳理代码逻辑，优化接口及功能模块；能根据测试用例，对系统进行接口、功能、压力等黑盒测试，并输出缺陷、测试报告；能根据测试用例，对代码进行逻辑、分支等白盒测试，并输出缺陷、测试报告；能根据相应测试需求，开发自动化测试脚本。

- **相关知识要求：**大数据组件应用程序接口知识；模型层接口开发知识；服务层接口开发知识；测试技术知识；测试用例设计知识；测试脚本开发知识。

第一节　应用服务开发

与传统应用服务开发相似，大数据应用服务开发涉及系统组件接口开发和业务库表结构设计及开发。除此之外，多数大数据应用服务还涉及计算服务开发，需要根据产品业务需求，开发相应数据或计算接口。

本节从大数据系统组件接口、大数据业务库表结构设计及开发和大数据计算服务开发等方面，对大数据应用服务开发进行介绍。

一、大数据系统组件接口

（一）MapReduce 分布式计算框架接口概述

MapReduce 提供了一系列接口和类，以便开发者能够在他们的应用程序中使用。以下就一些常用的接口和类进行简要介绍。

1. org.apache.hadoop.mapreduce.Job

MapReduce 的一个接口，用于提交和管理 MapReduce 作业。它包含一些关键方法，如 submit( ) 用于提交作业，waitForCompletion( ) 用于等待作业完成，getStatus( ) 用于获取作业的状态。

2. org.apache.hadoop.mapreduce.Mapper

MapReduce 的一个接口，用于定义 Map（映射）阶段的处理逻辑。它包含一个抽象方法 map( )，该方法用于接收一个键值对（Key-value Pair），并返回一个中间键值对列表。

3. org.apache.hadoop.mapreduce.Reducer

MapReduce 的一个接口，用于定义 Reduce（归并）阶段的处理逻辑。它包含一个抽象方法 reduce( )，该方法用于接收一组键值对，并返回一个键值对。

4. org.apache.hadoop.mapreduce.lib.combine.Combiner

MapReduce 的一个接口，用于定义 Combine（合并）阶段的处理逻辑。它包含一个抽象方法 combine( )，该方法用于接收一个键值对，并返回一个键值对。

5. org.apache.hadoop.mapreduce.ClusterManager

MapReduce 的一个接口，用于实现集群管理功能，如节点启动、停止和状态监控等。

6. org.apache.hadoop.mapreduce.Task

MapReduce 的一个接口，用于表示 MapReduce 作业中的一个任务。它包含一些关键方法，如 getStatus( ) 用于获取任务的状态，waitForCompletion( ) 用于等待任务完成，以及 setStatus( ) 用于设置任务的状态。

7. org.apache.hadoop.mapreduce.lib.input.TextInputFormat

MapReduce 的一个类，用于指定 MapReduce 作业的输入格式。它包含一个抽象方法 createInputReader( )，该方法需要实现自定义的输入读取逻辑。

8. org.apache.hadoop.mapreduce.lib.output.TextOutputFormat

MapReduce 的一个类，用于指定 MapReduce 作业的输出格式。它包含一个抽象方法 createOutputWriter( )，该方法需要实现自定义的输出写入逻辑。

9. org.apache.hadoop.mapreduce.lib.partition.HashPartitioner

MapReduce 的一个类，用于实现 Map 阶段的分区逻辑。它包含一个抽象方法 partition( )，该方法根据键的哈希值将数据分成多个分区。

10. org.apache.hadoop.conf.Configuration

MapReduce 的一个类，用于存储 MapReduce 作业的配置信息。开发者可以使用这个类来设置和获取作业的配置参数。

这些接口和类构成了 MapReduce 的基本框架，开发者可以根据自己的需求来实现自定义的逻辑。这使得 MapReduce 成为一个非常灵活、强大的大规模数据处理框架。

（二）HDFS 分布式存储系统接口概述

HDFS（Hadoop Distributed File System, 分布式文件系统）是用 Java 实现的，因此它有多个 Java 接口类用于编程，常用的 Java 接口类包括 FileSystem、FileStatus、DFSColocationAdmin 和 DFSColocationClient。FileSystem 是客户端应用的核心类；FileStatus 记录文件和目录的状态信息；DFSColocationAdmin 是管理 colocation 组信息的接口；DFSColocationClient 是操作 colocation 文件的接口。

1. FileSystem

Hadoop 的文件操作类基本都在 org.apache.hadoop.fs 包中，这些 API（Application Programming Interface, 应用程序接口）支持打开文件、读写文件、删除文件、创建文件或文件夹、判断是文件或文件夹、判断文件或文件夹是否存在等操作。

Hadoop 类库中最终面向用户提供的接口类是 FileSystem，这个类是个抽象类，只能通过类的 get( ) 方法得到其实例。FileSystem 类针对 HDFS 相关操作的接口见表 1–1。

表 1–1　　FileSystem 类针对 HDFS 相关操作的接口

方法	说明
create(Path)	创建一个文件
copyFromLocalFile(Path,Path)	复制本地文件到 HDFS
moveFromLocalFile(Path,Path)	移动本地文件到 HDFS，同时删除本地文件
delete(Path,boolean)	递归删除某个文件夹或某个文件
isDirectory(Path)	查看某个路径是目录还是文件
exist(Path)	查看某个路径是否存在
listStatus(Path)	列出某个路径下所有的文件及文件夹
mkdirs(Path)	创建目录
open(Path)	打开某个文件

2. FileStatus

文件系统的一个重要特性是提供其目录结构浏览，以及检索它所存文件和目录相关信息的功能。FileStatus 对象封装了文件系统中文件和目录的元数据，包括文件的长度、块大小、备份数、修改时间、所有者及权限等信息。FileStatus 对象由 FileSystem 的 getFileStatus( ) 方法获得，调用该方法的时候要把文件的路径（Path）传进去。FileStatus 类常用函数和常用接口分别见表 1–2 和表 1–3。

表 1–2　　FileStatus 类常用函数

函数	说明
public int compareTo(Object o)	比较两个对象是否指向相同的路径
public long getAccessTime( )	获取访问时间
public long getBlockSize( )	获取块大小
public String getGroup( )	获取组名
public long getLen( )	获取文件大小（字节）
public long getModificationTime( )	获取修改时间
public String getOwner( )	获取所有者信息
public Path getPath( )	获取路径
public FsPermission getPermission( )	获取权限信息
public short getReplication( )	获取块副本数
public path getSymlink( )	获取符号链接的路径
public boolean isSymlink( )	是否为符号链接
public void readFields(DataInput in)	序列化读取字段
public void setPath(final Path p)	设置路径
public void setSymlink(final Path p)	设置符号链接
public void write(DataOutput out)	序列化写入字段

表 1–3　　FileStatus 类常用接口

接口	说明
public long getModificationTime( )	通过该接口，可查看指定 HDFS 文件的修改时间
public Path getPath( )	通过该接口，可查看指定 HDFS 中某个目录下的所有文件

3. DFSColocationAdmin

DFSColocationAdmin 类是管理 Colocation 组信息的接口，其常用接口见表 1–4。

表 1–4　　DFSColocationAdmin 类常用接口

接口	说明
PublicMap<String, List<DatanodeInfo>> createColocationGroup(String groupId, String file)	根据文件中的 locatorIds 信息创建组（group），file 为文件路径
public Map<String, List<DatanodeInfo>> createColocationGroup(String groupId, List <String> locators)	使用内存中列出的 locatorIds 信息，创建组
public void deleteColocationGroup (String groupId)	删除组
public List<String> listColocationGroups( )	返回同分布的所有组信息，返回的组 Id 数组按创建时间排序
public List<DatanodeInfo> getNodes ForLocator (String groupId, String locatorId)	获取该 locator 属性中的所有节点列表

4. DFSColocationClient

DFSColocationClient 类是操作 colocation 文件的接口，其常用的接口见表 1–5。

表 1–5　　DFSColocationClient 类常用接口

接口	说明
public FSDataOutputStream create(Path f, boolean overwrite, String groupId,String locatorId)	用同分布模式创建一个 FSDataOutputStream 对象，从而允许用户在 f 路径写文件。f 为 HDFS 路径，overwrite 表示如果文件已存在是否允许覆盖，用户应指定文件所属 groupId 和 locatorId
public FSDataOutputStream create(final Path f, final FsPermission permission, final EnumSet<CreateFlag> cflags, final int bufferSize, final short replication, final long blockSize, final Progressable progress, final ChecksumOpt checksumOpt, final String groupId, final String locatorId)	功能与 Public FSDataOutputStream create (Path f,boolean overwrite, String groupId, String locatorId) 相同，只是允许用户自定义 checksum 选项
public void close( )	使用完毕后关闭连接

（三）HBase 接口概述

1. HBaseConfiguration

HBaseConfiguration 是 HBase 的配置类，通过 HBaseConfiguration 类可以对 HBase 运行时的环境进行配置。所有的操作都需要先创建 HBaseConfiguration 类的实例，可以通过该类的静态方法 create( ) 获得。用法示例如下：

```
Configuration configuration = HBaseConfiguration.create( );
```

上述语句会从类路径中查找 hbase-site.xml 文件，如果查不到，则使用默认配置文件。

2. Connection

Connection 表示 HBase 的连接，通过 Connection 接口的实例，能够查找到 HMaster，定位 HRegion（分布式存储和负载均衡的最小单元）在集群中的位置并将其缓存起来。另外，Table 和 Admin 实例也要从 Connection 实例中获取数据。

3. Put

Put 相当于传统数据库的 add 操作。Put 操作分为两类：一类是一次操作一条记录，另一类是一次操作多条数据。

Put 类用于为指定的行键添加列键和值，其常用方法见表 1–6。

表 1–6 Put 类常用方法

返回值	方法	说明
put	addColumn(byte[]family),byte[]qualifier,byte[]value	添加列键和值
put	addColumn(byte[]family),byte[]qualifier，long ts,byte[]value	添加列键和值，并添加时间戳
list	get(byte[]family,byte[]qualifier)	返回 put 实例中与指定列键匹配的项，Cell 是单元格实例
boolean	has(byte[]family,byte[]qualifier)	检查 put 实例中是否包含指定的列键

4. Get

Get 操作用于从 HBase 中读取数据，可分为两类：一类是一次读取一条记录，另一类是一次读取多条记录。

Get 类用于获取表中单个行的数据，其常用方法见表 1–7。

表 1–7 **Get 类常用方法**

返回值	方法	说明
get	addColumn(byte[]family),byte[]qualifier	指定列族和对应的列
get	addFamily(byte[]family)	指定列族
get	setTimeRange(long minStamp,long maxStamp)	指定列的版本号区间

5. Delete

HBase 提供删除数据的操作，由 Delete 类来执行。

Delete 类提供了两个构造函数，即 Delete(byte[ ] row) 和 Delete(byte[ ] row,long timestamp, RowLock rowLock)。

Delete 类提供了如下方法，用于在删除数据的过程中缩小数据的范围，类似关系数据库的 where 条件。

```
Delete deleteFamily(byte[] family)
```

以上方法用于删除整个列族的所有版本数据。

```
Delete deleteFamily(byte[] family,long timestamp)
```

以上方法用于删除时间戳早于给定 timestamp 的数据，包含 timestamp。

```
Delete deleteColumns(byte[] family,byte[] qualifier)
```

以上方法用于删除列族中指定列的所有版本数据。

```
Delete deleteColumns(byte[] family,byte[] qualifier,long timestamp)
```

以上方法用于删除和时间戳版本匹配的数据及比指定时间戳早的版本的数据。

```
Delete deleteColumn(byte[] family,byte[] qualifier)
```

以上方法用于删除指定列中的最新版本的数据。

```
Delete deleteColumn(byte[] family,byte[] qualifier，long timestamp)
```

以上方法用于删除指定列中的和 timpstamp 匹配版本的数据。

```
void setTimestamp( )
```

以上方法用于设置时间戳，这个方法在调用其他方法时经常被忽略。但是如果不指定列族或列，则这次调用与删除整行不同，它会删除匹配时间戳或者比给定时间戳旧的所有列族中的所有列。

deleteColumns( ) 和 deleteColumn( ) 方法的区别是，前者删除多个版本的数据，后者只删除指定版本的数据。

此外，Delete 类同样也可用于删除单行和多行的数据。

6. Append

Append 命令用于在指定的表、行、列追加数据。

7. Scan

Scan 命令用于在 HTable 中查看数据。Scan 命令可用于全表扫描，也可用于列族和列键扫描，其常用方法见表 1–8。

表 1–8　Scan 类常用方法

返回值	方法	说明
scan	addColumn(byte[]family,byte[]qualifier)	获取指定列表和列修饰符对应的列
scan	addColumn(byte[]family)	获取指定列族下的所有列

二、大数据业务库表结构设计及开发

（一）Hive 库表设计及开发

1. Hive 库表设计

Hive 是构建在 Hadoop 之上的一个数据仓库工具，支持大规模数据存储分析，能够满足企业大数据存储和数据分析的需求。在 Hive 库表设计方面，由于数据仓库通常存储的是静态数据，不会频繁发生变化，因此 Hive 在加载数据过程中不会对数据进行任何修改，只是将数据移动到 Hive 设定的 HDFS 目录下，不支持对数据的改写和添加，所有的数据都是在加载的时候确定的。Hive 支持用户创建索引以优化数据查询，通过将元数据保存在关系数据库中，大大减少了查询过程中执行语义检查的时间，并内置了大量用户自定义函数（User-Defined Functions，UDF）来操作时间、字符串和其他数据挖掘工具，支持用户扩展 UDF，完成原函数无法实现的操作。

2. Hive 应用开发

在 Hive 应用开发过程中，应先针对业务场景进行分析，明确项目需求和目标，了解项目原始数据的类型和结构，然后启动 Hive，将数据加载到 Hive 数据库表中，接下来准备数据，并使用 HiveQL 操作数据进行分析。下面通过实际案例，介绍 Hive 应用开发的大致流程。

（1）场景说明。

1）场景分析。电商平台积累了大量的用户消费数据，通过分析这些数据，可以直观地发现业务中存在的问题和机会。本案例通过分析国内某电商平台一段时间内的用户交易数据，为企业的运营和决策提供支持。

2）项目需求和目标。统计电商交易数据的常规指标，对各种 Top*N* 指标进行分析，如查看 Top10 的商品品牌，统计某个品牌在给定时间内的交易数量等。

3）项目数据类型和结构。本案例主要数据为用户行为日志文件 user_log.csv，其字段定义见表 1–9。

表 1–9　　user_log.csv 文件字段定义

字段名	类型	注释
user_id	varchar	买家 ID
item_id	varchar	商品 ID
cat_id	varchar	商品类别 ID
merchant_id	varchar	卖家 ID
brand_id	varchar	品牌 ID
month	int	交易时间：月

续表

字段名	类型	注释
day	int	交易时间：日
action	int	买家行为，取值范围 {0,1,2,3}，0 表示单击，1 表示加入购物车，2 表示购买，3 表示关注商品
age_range	int	买家年龄分段
gender	int	买家性别：0 表示女性，1 表示男性，2 和 NULL 表示未知
province	varchar	收货地址省份

（2）Hive 启动。

启动 Hive 之前，需要先启动 Hadoop 集群，命令如下：

```
$ cd /usr/local/hadoop
$ ./sbin/start-dfs.sh
```

然后执行命令启动 Hive，命令如下：

```
$ cd /usr/local/hive
$ ./bin/hive
```

启动成功以后，进入 hive> 命令提示符状态，可以输入类似 SQL（Structured Query Language，结构化查询语言）语句的 HiveSQL 语句。

（3）数据准备。

1）上传数据。假设 user_log.csv 文件存放在 Linux 本地文件系统的 /usr/local/dataset/ 目录下，接下来需要把 user_log.csv 文件上传到 HDFS 的 /dataset/user_log 目录下，因为 HDFS 的 /dataset/user_log 目录还不存在，因此需要创建一个新的目录，命令如下：

```
$ cd /usr/local/hadoop
$ ./bin/hdfs dfs -mkdir -p /dataset/user_log
```

把 Linux 本地文件系统中的 user_log.csv 文件上传到分布式文件系统 HDFS 的 /

dataset/user_log 目录下，命令如下：

```
$ cd /usr/local/hadoop/
$ ./bin/hdfs dfs -put /usr/local/dataset/small_user_log.csv /dataset/user_log
```

2）在 Hive 中创建数据库。在 Hive 中创建一个数据库 dbtest，命令如下：

```
hive> create database dbtest;
hive> use dbtest;
```

3）创建外部表。在数据库 dbtest 中创建一个外部表 user_log，它包含字段（user_id,item_id,cat_id,merchant_id,brand_id,month,day,action,age_range,gender,province），在 hive 命令提示符下输入如下命令：

```
hive> create external table dbtest.user_log(user_id int,item_id int,cat_id int,merchant_id int,brand_id int,month string,day string,action int,age_range int,gender int,province string) comment 'Welcome,Now create dbtest.user_log!' row format delimited fields terminated by ',' stored as textfile location '/dataset/user_log';
```

（4）数据分析。

1）简单查询。查看前 10 个交易日志的商品品牌，命令如下：

```
hive> select brand_id from user_log limit 10;
```

查询前 20 个交易日志的时间和商品种类，命令如下：

```
hive> select month,day,cat_id from user_log limit 20;
```

2）简单统计。用聚合函数 count( ) 计算表内有多少条数据，命令如下：

```
hive> select count(*) from user_log;
```

在函数内部加上 distinct，查出 uid 不重复的数据条数，命令如下：

```
hive> select count(distinct user_id) from user_log;
```

3）简单分析。查询一件商品在某天的购买比例或浏览比例，命令如下：

```
hive> select count(distinct user_id) from user_log where action='2'and day ='2013-12-11';
hive> select count(*) from user_log where day ='2013-12-11';
```

查询不同品牌的浏览次数，命令如下：

```
hive> create table scan(brand_id int,scan int) comment 'This is the search of bigdatataobao' row format delimited fields terminated by '\t' stored as textfile; -- 创建新的数据表进行存储
hive> insert overwrite table scan select brand_id,count(action) from user_log where action='2' group by brand_id; -- 导入数据
hive> select * from scan; -- 显示结果
```

（二）HBase 库表设计及开发

1. HBase 库表设计

HBase 是一个高度可靠、高性能、面向列、可伸缩的分布式存储系统，适用于存储非结构化和半结构化的松散数据。利用 HBase 技术，我们可以在廉价的 PC 服务器上构建大规模的结构化存储集群。

在 HBase 中，每一张表都被称为 BigTable。BigTable 会存储一系列的行记录，这些行记录包括三个基本类型的定义：RowKey、TimeStamp 和 Column。具体定义如下：

（1）RowKey：是行在 BigTable 中的唯一标识，类似于一个地址或标识符。

（2）TimeStamp：是每次数据操作关联的时间戳，可以看作是一个版本控制，记录了数据的操作时间。

（3）Column：定义为 <family>:<label>，通过这两部分可以指定唯一的数据存储列。其中，family 类似于数据库中的数据表，用于存储相同类型的数据；label 则类似于数据表中的字段，用于存储具体的数据。对于 family 的定义和修改，需要对 HBase 进

行类似于数据库的 DDL（Data Definition Language，数据定义语言）操作，而 label 不需要预先定义，可以直接使用，这为动态定制列提供了一种手段。

2. HBase 库表开发

在进行 HBase 开发之前，首先要对应用场景进行深入分析。HBase 提供了不同场景下的样例程序，我们可以在对项目应用场景进行充分分析后，导入样例工程进行学习，或者新建一个 HBase 工程。其次要了解项目整体实现目标以及项目原始数据的类型和结构，以便于后续创建 HBase 库表。最后将数据加载到 HBase 数据库表中，提取数据进行观察分析。下面将通过具体的例子和步骤，介绍 HBase 应用开发的大致流程。

（1）项目场景说明。

1）场景项目分析。网购已成为大众生活中不可或缺的一部分。为了提高用户的浏览量并实时提供个性化推荐服务，某购物网站计划使用 HBase 来存储与推荐结果和广告相关的用户建模数据。这些用户模型将应用于多种不同场景，如针对特定用户投放广告，或在电商门户网站上购物时实时报价等。

2）数据规划。考虑到关系数据库在处理海量数据时可能存在的局限性，HBase 被视为一个可行的解决方案。因此，我们需要合理设计 HBase 表的结构、行键和列名，以充分发挥其优势。

3）关键设计原则。HBase 是一个以 RowKey 为字典排序的分布式数据库系统，RowKey 的设计对性能有很大影响。因此，具体的 RowKey 设计应与业务需求紧密结合，以确保高效的查询和检索。

（2）数据准备。

1）创建表。在 HBase 中，可以使用 org.apache.hadoop.hbase.client.Admin 对象的 createTable 方法来创建表，并指定表名、列族名。创建表有两种方式，具体如下：

①快速建表。这种方式会在创建表时只创建一个 Region，然后随着数据量的增加，这个 Region 会自动分裂成多个 Region。

②预分 Region 建表。这种方式在创建表时会预先分配多个 Region，可以提高写入大量数据初期阶段的写入速度。

2）加载数据。HBase 是一个面向列的数据库，一行数据可能对应多个列族，而一个列族又可以对应多个列。在写入数据的时候，通常需要指定要写入的列（含列族名称和列名称）。HBase 通过 HTable 的 put 方法来写入数据，可以是一行数据，也可以是数据集。

需要注意的是，HTable 是非线程安全类，因此同一个 HTable 实例不应该被多个线程同时使用，否则可能会带来并发问题。

3）读取数据。

①使用 Get 读取数据。如需要从表中读取一条数据，首先需实例化与该表格对应的 Table 实例，然后据此创建一个 Get 对象。也可以为 Get 对象设定参数值，如列族的名称和列的名称。所查询到的行数据存储在 Result 对象中，Result 中可以存储多个 Cell。

②使用 Scan 读取数据。如需要从表中读取数据，首先需要实例化该表对应的 Table 实例，然后据此创建一个 Scan 对象，并针对查询条件设置 Scan 对象的参数值，为提高查询效率，建议为 Scan 对象设置 StartRow 和 StopRow 参数值。查询结果的多行数据保存在 ResultScanner 对象中，每行数据以 Result 对象形式存储，Result 中存储了多个 Cell。

③使用过滤器 Filter。HBase Filter 主要在 Scan 和 Get 过程中进行数据筛选，通过设置一些特定的筛选条件来实现此功能，如设置 RowKey、列名或者列值的筛选条件。

4）程序调测。开发好的程序可以在开发环境中运行对应的应用程序，运行完成后，可直接通过运行结果查看应用程序运行情况，也可以通过 HBase 日志获取应用运行情况。

三、大数据计算服务开发

这里以 MapReduce 为例介绍大数据计算服务开发。

（一）MapReduce 的工作流程

MapReduce 的工作流程体现了“分而治之”的核心思想，如图 1–1 所示。它将一个大型数据集拆分成多个小数据块，并在多台机器上并行处理。在 Map 阶段，这些小任务通常在数据存储的节点上运行，从而降低数据传输开销。当 Map 任务完成后，会生成以 <key, value> 形式表示的中间结果。这些中间结果随后被分发到多个 Reduce 任务，并在多台机器上并行执行。具有相同 key 的 <key, value> 会被发送到同一个 Reduce 任务中。Reduce 任务对这些中间结果进行汇总计算，得到最终结果，并将其输出到分布式文件系统中。

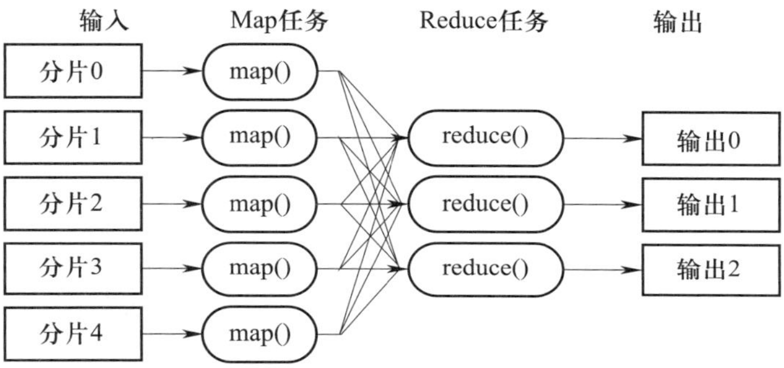

图 1–1　MapReduce 的工作流程

（二）MapReduce 开发案例

这里给出一个 WordCount 实例，来展示 MapReduce 解决实际问题的实现过程。

1. WordCount 的程序任务

WordCount 是一个非常简单的程序，它的任务是统计一段文本中每个单词出现的次数。在编程语言的学习过程中，都会以“HelloWorld”程序作为入门范例，WordCount 是类似“HelloWorld”的 MapReduce 入门程序，其任务见表 1–10。表 1–11 给出了一个 WordCount 的输入和输出实例。

表 1–10　WordCount 程序任务

项目	描述
程序	WordCount
输入	一个包含大量单词的文本文件
输出	文件中每个单词及其出现次数（频数），并按照单词字母顺序排序，每个单词和其频数占一行，单词和频数之间有间隔

表 1-11　　　　WordCount 输入和输出实例

输入	输出
Hello World Hello Hadoop Hello MapReduce	Hadoop 1 Hello 3 MapReduce 1 World 1

2. WordCount 执行过程

在单词统计任务的 MapReduce 作业中，假设有三个执行 Map 任务的 Worker 和一个执行 Reduce 任务的 Worker。一个文档包含三行内容，每行分配给一个 Map 任务来处理。Map 任务的输入采用 <key, value> 的形式，其中 key 代表文档中的行号，value 代表相应行的内容。在 Map 阶段，每个单词都会以 <key, value> 的形式作为中间结果输出，如图 1–2 所示。

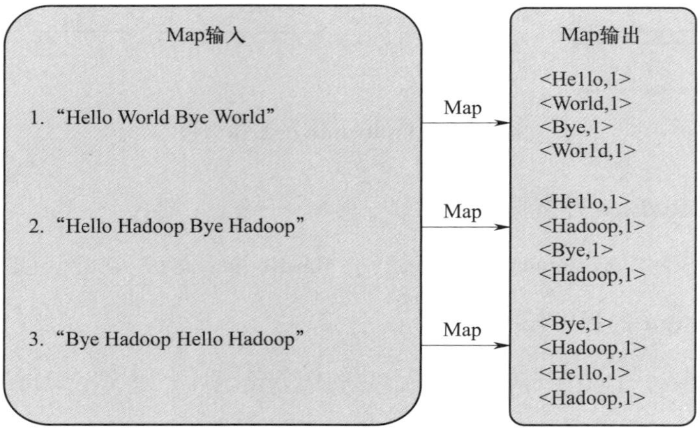

图 1–2　Map 过程示意

如图 1–3 所示，在 Map 阶段的 Shuffle 过程中，如果没有定义 Combiner 函数，Shuffle 过程会将具有相同 key 的键值对合并成一个键值对。具体而言，对于若干个具有相同 key 的键值对 $<k_1,v_1>$，$<k_1,v_2>\cdots<k_1,v_n>$，会被合并成一个新的键值对 $<k_1,<v_1,v_2\cdots v_n>>$。如在图 1–2 的最上面的 Map 任务输出结果中，存在 key 都是 "World" 的两个键值对 <"World"，1>，经过 Map 阶段的 Shuffle 过程后，这两个键值对会被合并为一个键值对 <"World"，<1,1>>，这里不再展示 Reduce 阶段的 Shuffle 结果。这些合并后的键值对会作为 Reduce 任务的输入，由 Reduce 任务为每个单词计算出总的出现次数。

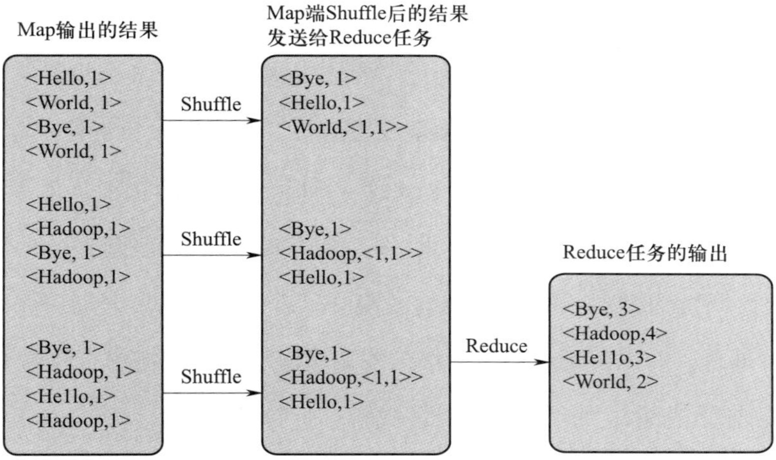

图 1–3 用户没有定义 Combiner 时的 Reduce 过程示意图

输出排序后的最终结果就会是:<Bye，3>、<Hadoop，4>、<Hello，3>、<World，2>。

在实际应用中，当解析每个输入文件并由 Map 函数生成中间结果时，可能会产生大量类似于 <the, 1> 这样的结果，这无疑会增加网络传输开销。在之前介绍 Shuffle 过程时提到过，为了减少网络传输的数据量，MapReduce 支持用户提供 Combiner 函数来对中间结果进行合并，之后再发送给 Reduce 任务。对于图 1–2 中的 Map 输出结果，如果存在用户自定义的 Combiner 函数，则 Reduce 过程如图 1–4 所示。

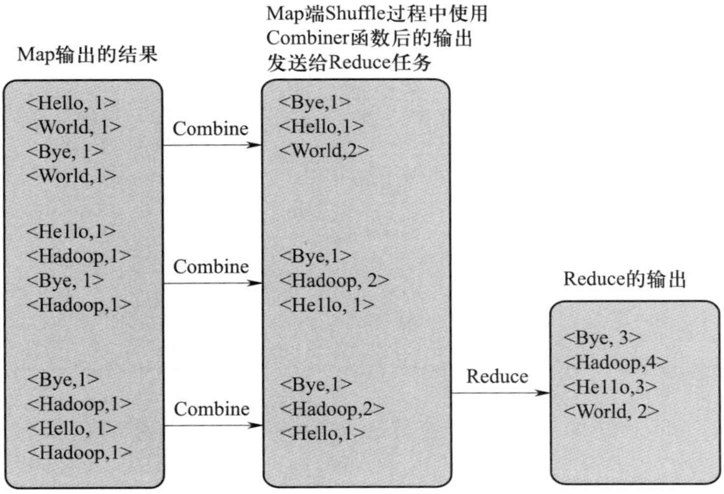

图 1–4 用户定义 Combiner 时的 Reduce 过程示意

3. MapReduce 程序编写

编写 MapReduce 程序来实现词频统计功能，主要包括以下 3 个步骤。

（1）编写 Map 处理逻辑。在 MapReduce 程序中，Map 阶段负责处理输入数据并生成中间结果。在此阶段，文件 wordfile1.txt 和 wordfile2.txt 中的文本数据会被读取并以 <key,value> 的形式提交给 Map 函数进行处理。其中，key 是当前读取行的地址偏移量，value 是当前读取行的内容。提交给 Map 函数后，可以运行自定义的 Map 处理逻辑来对 value 进行处理，并以特定的键值对形式输出中间结果，该输出将作为 Reduce 阶段的输入数据。以下是 Map 处理逻辑的具体代码：

```
public static class TokenizerMapper extends Mapper<Object, Text, Text, IntWritable> {
        private static final IntWritable one = new IntWritable(1);
        private Text word = new Text();
        public TokenizerMapper() {
        }
        public void map(Object key, Text value, Mapper<Object, Text, Text, IntWritable>.
Context context) throws IOException, InterruptedException {
            StringTokenizer itr = new StringTokenizer(value.toString());
            while(itr.hasMoreTokens()) {
                this.word.set(itr.nextToken());
                context.write(this.word, one);
            }
        }
}
```

（2）编写 Reduce 处理逻辑。经过 Map 阶段的 Shuffle 过程（包括分区、排序和合并）后，中间结果会被分配给相应的 Reduce 任务进行处理。对于 Reduce 阶段来说，其输入是以 <key, value-list> 形式呈现的，如 <Hadoop, <1, 1>>。Reduce 函数会对输入中的 value-list 进行求和操作，从而得到词频统计的结果。以下是 Reduce 处理逻辑的具体代码：

```
public static class IntSumReducer extends Reducer<Text, IntWritable, Text, 
IntWritable> {
        private IntWritable result = new IntWritable();
        public IntSumReducer() {
        }
        public void reduce(Text key, Iterable<IntWritable> values, Reducer<Text, IntWritable, 
Text, IntWritable>.Context context) throws IOException, InterruptedException {
            int sum = 0;
            IntWritable val;
            for(Iterator i$ = values.iterator(); i$.hasNext(); sum += val.get()) {
                val = (IntWritable)i$.next();
            }
            this.result.set(sum);
            context.write(key, this.result);
        }
    }
```

（3）编写 main 方法。为了使 TokenizerMapper 类和 IntSumReducer 类协同工作，完成最终的词频统计任务，需要在主函数中通过 Job 类来设置 Hadoop 程序运行时的环境变量，具体代码如下：

```
public static void main(String[] args) throws Exception {
        Configuration conf = new Configuration();
        String[] otherArgs = (new GenericOptionsParser(conf, args)).getRemainingArgs();
        if(otherArgs.length < 2) {
            System.err.println("Usage: wordcount <in> [<in>...] <out>");
            System.exit(2);
```

```
        }
        Job job = Job.getInstance(conf, "word count");      // 实例化 Job 对象
        job.setJarByClass(WordCount.class);             // 设置整个程序的类名
        job.setMapperClass(WordCount.TokenizerMapper.class); // 添加 Mapper 类
        job.setReducerClass(WordCount.IntSumReducer.class);  // 添加 Reducer 类
        job.setOutputKeyClass(Text.class);                  // 设置输出类型
        job.setOutputValueClass(IntWritable.class);      // 设置输出类型
        for(int i = 0; i < otherArgs.length - 1; ++i) {
            FileInputFormat.addInputPath(job, new Path(otherArgs[i])); // 设置输入文件
        }
        FileOutputFormat.setOutputPath(job, new Path(otherArgs[otherArgs.length - 1]));//
设置输出文件
        System.exit(job.waitForCompletion(true)?0:1);
    }
```

（4）完整的词频统计程序。在编写词频统计 Java 程序时，需要创建一个名称为 WordCount.java 的文件，该文件包含了完整的词频统计程序代码，具体如下：

```
    import java.io.IOException;
    import java.util.Iterator;
    import java.util.StringTokenizer;
    import org.apache.hadoop.conf.Configuration;
    import org.apache.hadoop.fs.Path;
    import org.apache.hadoop.io.IntWritable;
    import org.apache.hadoop.io.Text;
    import org.apache.hadoop.mapreduce.Job;
    import org.apache.hadoop.mapreduce.Mapper;
    import org.apache.hadoop.mapreduce.Reducer;
    import org.apache.hadoop.mapreduce.lib.input.FileInputFormat;
```

```
import org.apache.hadoop.mapreduce.lib.output.FileOutputFormat;
import org.apache.hadoop.util.GenericOptionsParser;
public class WordCount {
    public WordCount() {
    }
    public static void main(String[] args) throws Exception {
        Configuration conf = new Configuration();
        String[] otherArgs = (new GenericOptionsParser(conf, args)).getRemainingArgs();
        if(otherArgs.length < 2) {
            System.err.println("Usage: wordcount <in> [<in>...] <out>");
            System.exit(2);
        }
        Job job = Job.getInstance(conf, "word count");
        job.setJarByClass(WordCount.class);
        job.setMapperClass(WordCount.TokenizerMapper.class);
        job.setCombinerClass(WordCount.IntSumReducer.class);
        job.setReducerClass(WordCount.IntSumReducer.class);
        job.setOutputKeyClass(Text.class);
        job.setOutputValueClass(IntWritable.class);
        for(int i = 0; i < otherArgs.length - 1; ++i) {
            FileInputFormat.addInputPath(job, new Path(otherArgs[i]));
        }
        FileOutputFormat.setOutputPath(job, new Path(otherArgs[otherArgs.length - 1]));
        System.exit(job.waitForCompletion(true)?0:1);
    }
    public static class TokenizerMapper extends Mapper<Object, Text, Text, IntWritable> {
        private static final IntWritable one = new IntWritable(1);
        private Text word = new Text();
```

```
        public TokenizerMapper() {
        }
        public void map(Object key, Text value, Mapper<Object, Text, Text, IntWritable>.
Context context) throws IOException, InterruptedException {
            StringTokenizer itr = new StringTokenizer(value.toString());
            while(itr.hasMoreTokens()) {
                this.word.set(itr.nextToken());
                context.write(this.word, one);
            }
        }
    }
    public static class IntSumReducer extends Reducer<Text, IntWritable, Text, IntWritable> {
        private IntWritable result = new IntWritable();
        public IntSumReducer() {
        }
        public void reduce(Text key, Iterable<IntWritable> values, Reducer<Text, IntWritable,
Text, IntWritable>.Context context) throws IOException, InterruptedException {
            int sum = 0;
            IntWritable val;
            for(Iterator i$ = values.iterator(); i$.hasNext(); sum += val.get()) {
                val = (IntWritable)i$.next();
            }
            this.result.set(sum);
            context.write(key, this.result);
        }
    }
}
```

（5）编译打包。首先，在 Linux 系统中打开一个终端，把 Hadoop 的安装目录设置为当前工作目录，命令如下：

```
$ cd /usr/local/hadoop
```

其次，执行以下命令，让 javac 编译器可以找到 Hadoop 相关的 JAR 包：

```
$export CLASSPATH="/usr/local/hadoop/share/hadoop/common/hadoop-common-3.3.5.jar:/usr/local/hadoop/share/hadoop/mapreduce/hadoop-mapreduce-client-core-3.3.5.jar:/usr/local/hadoop/share/hadoop/common/lib/commons-cli-1.2.jar:$CLASSPATH"
```

接下来，可以执行以下 javac 命令来编译程序（假设 WordCount.java 文件已被放置在 /usr/local/hadoop 目录下）：

```
$ javac WordCount.java
```

如果系统环境无法找到 javac 程序的位置，请使用 JDK 中的绝对路径。

编译后，在文件夹下可以找到 3 个“.class”文件，这些是 Java 的可执行文件。此时，我们需要将它们打包并命名为 WordCount.jar，命令如下：

```
$ jar -cvf WordCount.jar *.class
```

现在，我们已经得到与 Hadoop 自带实例相似的 JAR 包了，可以运行并获得结果。在运行程序之前，需要使用命令 start-dfs.sh 启动 Hadoop。启动 Hadoop 之后，我们可以运行程序，命令如下：

```
$ ./bin/hadoop jar WordCount.jar WordCount input output
```

最后，可以运行以下命令查看结果：

```
$ ./bin/hadoop hdfs -cat output/*
```

第二节　系统测试

大数据系统测试与传统的系统测试类似，同样涉及单元测试、集成测试和灰盒测试等环节。这些测试方法的应用主要依据具体的业务需求，并且通常需要开发自动化测试脚本来提高效率与准确性。本节将从单元测试、集成测试、灰盒测试三个方面，对大数据系统测试进行介绍。

一、单元测试

（一）单元测试概述

单元测试是对软件中的最小可测试单元进行检查和验证的过程。在大数据系统中，单元测试可能涉及单个程序、类、对象、方法等。单元测试在软件开发过程中扮演着重要的角色，执行完善的单元测试方案有助于提高整个开发过程的时间效率，并确保软件的实际功能与设计说明保持一致性。单元测试使得软件开发的效率和软件产品的质量得以保障。

1. 单元测试的作用

单元测试的主要作用包括以下五点。

（1）实现敏捷开发。单元测试能够使编码过程更加敏捷。当软件包含的功能日益增多时，可能需要修改旧的设计和代码。对已测试的代码进行更改既冒险又耗时，如果有单元测试，则有助于安全地重构代码。

（2）提高代码质量。因为单元测试是在集成测试之前对最小可测单元的测试，因此有助于尽早发现软件代码中的缺陷，并在不影响其他代码部分的情况下解决问题。这些问题包括程序实现中的错误以及单元规范中的缺陷。通过检查代码和改进现有缺陷，可以显著提高代码质量。

（3）消除深度未知隐患。由于软件开发的固有复杂性，因此无法保证编写的程序完全无误。在初步功能验证过程中，开发人员通常使用仿真或模型及代码调试技巧来确认结果，但这种测试通常只能覆盖一部分执行路径，对于未覆盖的执行路径仍存在许多未知风险。为了确保程序在各种情况下都能按照预设响应，需要对模型或代码进行基于需求的严格测试和覆盖率测试。这种测试通常称为“白盒测试”，主要在单元测试中进行。

（4）优化设计和架构。单元测试可以辅助优化设计和架构，如通过“处理器在环”（Processor In the Loop，PIL）方法评估最长执行时间、内存和堆栈使用量，优化设计和架构，从而尽早避免集成后可能出现的执行时间和内存溢出等问题。

（5）满足行业规范要求。遵循 Automotive SPICE（汽车软件过程改进及能力评定）过程和 ISO26262 道路车辆功能安全标准中关于单元测试的规定，以便从第三方认证公司获取相关认证证书。

2. 单元测试的分类

单元测试可以分为以下四种类型。

（1）人工静态分析。通过人工阅读代码来查找潜在的错误，这种方法有助于发现具有特定特征的错误及那些无法通过自动工具检测到的无特征错误。程序员之间相互交叉查看各自的代码，是这种方法的有效应用。

（2）自动静态分析。利用特定的工具自动扫描代码，以便发现可能存在的错误。这些工具根据预设的错误特征来报告潜在的语法错误。

（3）自动动态测试。通过使用工具自动生成测试用例并执行程序，以发现可能导致异常或程序崩溃等特定行为特征的错误。这种方法对于无特征的错误无法提供有效的检测。例如，对于一个简单的加法函数，尽管其代码和逻辑很简单，但使用动态测试工具仍然无法检测出其中的错误，因为工具无法理解代码的功能。

（4）人工动态测试。人工设定程序的输入和预期的正确输出，执行程序并判断实际输出是否符合预期。如果输出不符合预期，则自动报告错误。这里的“人工”指的是测试用例的输入和预期输出是由人工设定的，而其他步骤则可以由人工完成或借助工具自动完成。例如，对于加法函数，可以通过人工设定输入为两个“1”、预期输出为“2”的测试用例，来检测代码中的错误。这种方法既可以发现有特征的错误，也可以发现无特征的错误。

以上四种类型还可以进一步细分。例如，在进行人工动态测试时，如果根据程序的功能来设计测试用例，这种方法被称为黑盒测试；如果根据代码及代码的逻辑结构来设计测试用例，这种方法就是前面介绍过的“白盒测试”。

（二）单元测试方法

1. 自上而下法

使用自上而下法进行测试时，每个单元是通过使用来进行测试的，这个过程由调用这些被测单元的其他独立单元来完成。

自上而下的测试策略是先测试最顶层的单元，把顶层所调用的单元做成桩单元；然后测试第二层，把上面已经测试的单元作为驱动单元。以此类推，直到所有单元都测试完毕为止。自上而下法需要测试桩，而不需要测试驱动。

2. 自下而上法

使用自下而上法进行测试时，被测单元与调用单元是分开测试的，测试时所使用的是真实的被调用单元。

在进行测试时，首先对最底层的单元进行测试，这样能够为高层次单元的测试提供便利。然后使用之前已经测试过的被调用单元来测试其他单元。重复这个过程，直到最高层的单元也被测试完毕为止。自下而上法需要测试驱动，不需要测试桩。

3. 分离法

分离法是分开测试每一个单元，无论是被调用单元还是调用单元。

被测单元可以按照任意顺序进行测试，因为它们独立于其他已测试单元。每个单元的测试都需要一个测试驱动程序，并且所有被调用单元都需要使用测试桩来代替。

二、集成测试

（一）集成测试概述

集成测试也被称为组装测试或联合测试，它是在单元测试的基础上，将所有模块按照设计要求组装成为子系统或系统，并对其进行测试。

1. 集成测试的作用

集成测试的目标是确保各个模块之间的交互符合设计要求，从而提高整个系统的质量。即使每个模块都经过了单元测试，但在模块间交互时仍可能出现错误或缺陷。集成测试有助于发现这些问题，并确保系统各部分能够正常、可靠地协同工作。集成测试有以下作用。

（1）发现模块间的错误和缺陷。在进行集成测试时，测试人员可以检测到因不同模块交互而导致的错误和缺陷。

（2）提高系统的可靠性。通过集成测试，测试人员可以确定系统的各个部分是否成功地集成在一起，确保所有模块成功集成并稳定运行。

（3）降低测试成本。集成测试可以帮助测试人员尽早发现并修复缺陷，可以避免在后期进行大量的回归测试，从而降低测试成本。

（4）降低项目风险。在进行集成测试时，测试人员可以识别模块之间的关键路径及潜在风险，以便尽早采取措施，以降低项目风险。

（5）改进开发流程。集成测试可以为开发团队提供关于代码正确性和效率的反馈，从而帮助他们改进开发流程。

2. 集成测试的分类

集成测试可以分为以下四种常见的类型。

（1）分层测试。在分层测试中，系统根据功能模块进行分层，并在每一层单独进行测试。这种方法常用于测试分层架构的系统，如三层架构的 Web 应用。通过逐层测试，可以确保每一层的功能都正常，然后将各层的结果综合起来进行整体评估。

（2）基于配置的测试。基于配置的测试是根据不同的配置参数进行测试的方法。这种方法适用于需要支持多配置的系统，以确保系统在不同的配置下都能正常工作。

通过测试不同配置下的系统表现，可以确保系统的稳定性和可扩展性。

（3）系统集成测试。集成测试是将不同的模块或组件集成在一起进行整体测试的方法。这种方法常用于测试组件之间的集成关系，以确保各个模块能够协同工作。集成测试有助于发现模块间的错误和缺陷，从而提高整个系统的质量。

（4）系统测试。系统测试是对整个系统进行的测试，以确保系统能够满足功能需求并正常工作。系统测试覆盖了所有的功能和性能需求，以验证系统的整体表现是否符合预期。

上述方法都有其特定的应用场景和优势，应根据项目的具体需求选择合适的测试方法。例如，对于分层架构的系统，分层测试可能是一个合适的选择；而对于需要支持多种配置的系统，基于配置的测试则更加适用。

（二）集成测试方法

集成测试方法主要包括以下两种。

1. 功能性测试

功能性测试使用黑盒测试技术，根据被测模块的接口规格说明进行测试。这种方法关注模块的功能是否符合要求，而不需要了解模块的内部实现细节。通过输入不同的数据和参数，检查模块的输出是否符合预期结果。

2. 非功能性测试

非功能性测试是对模块的性能或可靠性进行的测试。这种测试关注模块在各种条件下的表现，如负载、压力、稳定性和安全性等方面。通过模拟不同的场景和条件，对模块进行性能和可靠性的评估，以确保其在实际应用中的表现符合要求。

三、灰盒测试

（一）灰盒测试概述

灰盒测试是介于白盒测试与黑盒测试之间的一种测试。灰盒测试多用于集成测试阶段，不但关注输出、输入的正确性，而且也关注程序内部的情况。灰盒测试不如白盒详细、完整，但又比黑盒测试更加关注程序的内部逻辑，常常通过一些表征性的现象、事件、标志来判断内部的运行状态。

1. 灰盒测试的特点

灰盒测试的特点主要包括以下几个方面：它同时包括开发人员和测试人员的输入值，提高了产品的整体质量；它减少了功能性测试和非功能性测试的时间消耗；它为开发人员提供了足够的时间来修复产品缺陷；它包括用户观点，而不是设计师或测试者的观点；它从用户角度深入审查需求和确定规格。

2. 灰盒测试的分类

灰盒测试可以分为以下四种类型。

（1）矩阵测试。矩阵测试是一种通过识别程序中使用的变量，来删除未使用和未初始化变量的方法。矩阵测试定义了特定程序的所有已使用变量。在任何程序中，变量都是值可以在程序内传播的元素。它应该符合要求，否则会降低程序的可读性和软件运行的速度。

（2）回归测试。回归测试用于验证软件的修改没有对软件其他部分造成意外的副作用。在确认测试期间，任何缺陷都将得到修复，并且该部分软件开始按预期工作，但修复的缺陷可能会在软件的其他位置引入不同的新缺陷。因此，回归测试通过在防火墙内重新测试有风险的用例，帮助开发人员发现并解决由于代码修改而引入的新问题。

（3）正交阵列测试。此测试的目的是用最少的测试用例覆盖最多的代码。测试用例的设计方式可以覆盖最多的代码及具有较少测试用例的 GUI（Graphical User Interface，图形用户接口）功能。

（4）模式测试。模式测试适用于采用相同模式开发的同类型软件，在这些软件中，可能会出现相同类型的缺陷。模式测试确定故障的原因，以便在下一个软件中修复它们。

灰盒测试使用自动化软件测试工具来执行测试过程，为测试人员提供存根和模块驱动程序，可以减轻手动生成代码的负担。

3. 灰盒测试的步骤

执行灰盒测试的一般步骤如下。

（1）选择并识别来自黑盒测试和白盒测试的输入。

（2）确定这些选定投入的预期产出。

（3）确定测试的主要路径。

（4）确定子功能，这些功能是执行深层次测试的主要功能的一部分。

（5）确定子功能的输入。

（6）确定子功能的预期输出。

（7）执行子功能的测试用例。

（8）验证结果的正确性。

灰盒测试设计的测试用例包括安全相关、浏览器相关、GUI 相关、操作系统相关和数据库相关测试。

（二）灰盒测试案例

以飞机在巡航过程中的有效磁场角度范围为 [–180°，180°] 这一需求为例，需要完成以下任务。

（1）了解操作系统和测试环境的详细情况，包括操作系统类型、版本、设备信息、测试环境。

（2）认真研究软件工作原理，形成对软件的整体认识，找出软件的功能和特性。

（3）分析需求，根据需求设计测试用例，对系统的功能和流程进行深入分析，确保全面覆盖用户需求。

（4）执行测试用例，确保软件在各种情况下的行为符合需求，发现问题和缺陷；查看软件的代码，查看是否存在潜在的代码问题，代码是否符合编写规范等。

（5）根据测试结果，对比需求分析文档进行评估，确保满足需求，从而实现系统的高可用性和可靠性。

思考题

1. 请说明 HDFS 常用的 Java 类有哪些。
2. 请描述 MapReduce 的工作流程及核心思想。
3. 请简单描述单元测试的分类，并对每种类型做简要描述。

第二章
大数据系统搭建

本章将介绍大数据环境部署的核心内容，主要从大数据系统的硬件设施、网络规划、故障处理及软件安装部署等方面，围绕硬件系统搭建和软件系统部署两个环节展开讲解。本章包括硬件系统搭建、软件系统部署两个小节。

- **职业功能：** 大数据系统搭建。
- **工作内容：** 硬件系统搭建、软件系统部署。
- **专业能力要求：** 能根据配置需求，规划及选型硬件配置设施；能根据机房环境和配置清单，制定工程实施方案；能根据物理硬件特性，制定组网规划方案；能根据硬件设备条件，进行底层及驱动配置；能根据现场施工情况，进行故障处理指导；能根据应用需求，规划系统部署方案；能根据性能需求，对各运行系统进行配置和调优；能根据软件部署方案，编写自动化部署脚本并完成部署；能根据集群组件，进行高可用及容灾配置；能根据集群功能对各组件进行联通调试。
- **相关知识要求：** 网络架构和规划知识；服务器底层配置知识；自动化脚本开发知识；集群配置知识；集群高可用及容灾知识。

第一节　硬件系统搭建

大数据硬件指的是具备数据产生输出、存储、计算以及海量数据分析和挖掘等功能的硬件设施。这些硬件设施通常包含数据服务器、应用服务器、交换机、路由器及数据终端采集设备等。在实际应用场景中，企业需要根据自身情况进行大数据硬件的合理规划，制定相应的大数据硬件资源设计策略，开展硬件设施规划和选型，工程实施方案制定，底层服务软硬件配置测试、优化与维护等工作。

本节将介绍大数据硬件系统建设的相关知识，包括大数据系统的硬件设施、大数据系统的网络规划、硬件系统故障处理、大数据系统工程实施方案制定等内容。

一、大数据系统的硬件设施

对于从事大数据工程技术（如数据处理、数据分析等）相关工作的人员而言，他们的主要工作是开发、应用数据系统以及处理、分析数据。硬件设备可以说是工作的"场所"，而非使用的"工具"，因此他们不需要非常深入地了解硬件的原理或掌握设备的所有作用。中级大数据工程技术人员需要在了解硬件设备作用、影响大数据系统性能常见因素的基础上，选择合适的硬件设备来搭建可运行的系统，了解如何配置相关参数，使硬件满足大数据系统的需求。

（一）服务器的选型

服务器是一种比普通计算机在特定性能上更优秀（运行更快、负载更高，通常价格也更贵）的特殊计算机。服务器通常承担在整体系统中为其他设备提供计算或者应用服务的功能。服务器具有高速运算能力、长时间可靠运行能力、强大外部数据吞吐能力及良好的扩展性，为大数据系统提供计算、存储、输入、输出的基础性能和后续升级的空间。

1. 服务器的评价指标

服务器是大数据系统的硬件基础与核心，为数据库提供存储空间，为任务提供处理数据流的计算能力。在构建支撑大数据系统的硬件系统时，需要根据预估的大数据系统需求选用合适的服务器，这就要求大数据工程技术人员了解如何选用服务器。评价服务器性能的指标有很多，通常归纳为可靠性指标（Reliability）、可用性指标(Availability)、可扩展性指标(Scalability)、易用性（Usability）、可管理性（Manageability），这五项指标即为服务器的RASUM评价标准。

2. 服务器的选择

作为一种成熟的产品，各厂商已经形成了不同的服务器硬件品牌定位，以满足消费者的不同需要。目前市场上产品种类繁多，功能和性能定位不一。由于不同厂商的技术存在差别，同类服务器的性能和特性也存在一定程度的差异。消费者不需要深入了解各厂家的技术实现或同一个性能指标下的微小差异，只需要通过厂商提供的品牌系列定位和具体型号参数，就可以判断哪些产品能够满足具体的工程项目需求。另外，现在市场上有众多提供云服务的服务商，通过虚拟化、云计算、分布式等技术，将物理服务器的资源转化为虚拟化的服务器资源提供给用户。与自建物理服务器相比，云服务投入成本低、产品性能稳定、无须己方管理、扩展更加灵活，因而适用的业务场景也更广泛。

（1）硬件架设物理服务器。目前市场上的主要服务器国内品牌包括FusionServer（华为）、ThinkServer（联想）、浪潮天梭（浪潮）、曙光天阔（中科曙光）等。

（2）虚拟化服务器资源。在很多业务场景下，自建硬件系统来提供大数据系统所需的资源是性价比较低的选择，此时应当考虑将系统部署在云服务器上。选择虚拟化服务器资源时，需要关注价格、地区与域名、服务稳定性、售后服务内容与质量等因素。

（二）系统的性能评估

服务器的内部结构相当复杂，而且各不相同，但大多遵循传统计算机架构，由CPU(Central Processing Unit，中央处理器）、内存、硬盘、网卡等主要组件及电源、风扇、输入输出端口等配件构成。厂家能够针对客户需求提供一定程度的配置选择，使产品更符合使用需求。下面介绍各项配置对系统性能的影响，以及如何选择各种配置。

1. CPU

CPU 是一块超大规模的集成电路，是计算机的运算核心和控制核心。

（1）主流的 CPU 产品。CPU 可以说是集成电路工艺的集大成者。目前，主流的各类商用 CPU 多数是国外厂商的产品，根据架构不同可以分为 CISC(Complex Instruction Set Computer，复杂指令集计算机) 类与 RISC(Reduced Instruction Set Computer，精简指令集计算机) 类。不同类型的 CPU，其应用场景不同，从而决定了服务器的特点也不同。

（2）CPU 性能对大数据系统的影响。CPU 的主要参数有架构、封装方式、主频、供电电压、CPU 字长、CPU 功率、型号、微架构名称、平台名称、CPU 核心数等。对于一个正在运行的服务器，可以通过操作系统在 CPU 兼容性列表中查看其关键信息。

CPU 性能参数越高，表示其处理能力越强。需要注意的是，不同架构的 CPU 所适用的程序并不通用。例如，A 主机的 CPU 是 x86 架构的，B 主机的 CPU 是 ARM 架构的，那么即使是同一版本的程序也不通用。如果该程序是用 C 语言编译的，则需要被重新编译才能使用；如果是用 Java 编译的，则需要注意其使用的 JDK(Java Development Kit，Java 开发工具包) 版本及使用参数。

虽然 CPU 是决定服务器性能最重要的因素之一，但是如果没有其他配件的支持和配合，CPU 也不能发挥出它应有的性能。

2. 内存

内存用于暂时存放 CPU 输出的运算数据，是 CPU 与硬盘等外部存储器交换数据的中转站。内存性能影响计算机整体发挥的水平，也影响整个系统运行效率。

对于单条内存而言，在 CPU 及主板的支持范围内，容量越高越好，主频越高性能越强，内存条代数（如 DDR1、DDR2）越新越好。市场上的内存产品通常会按照一定的规范提供其产品参数。

3. 存储

（1）硬盘。硬盘是计算机硬件系统中主要的存储设备。根据工作原理不同，硬盘一般分为机械硬盘（Hard Disk Drive，HDD）、固态硬盘（Solid State Drive，SSD），以及融合机械硬盘与固态硬盘工作原理的固态混合硬盘（Solid State Hybrid Drive，SSHD）三大类。

对于企业级的应用场景而言，所有的软件基础结构和用户数据最终还是由硬件承载。数据的珍贵性无须多言，而硬件故障导致的数据损坏难以恢复。因此，硬盘的可靠性非常重要。考虑到企业级应用场景的固有属性，选用的服务器硬盘被称为企业级硬盘。企业级硬盘分为企业级机械硬盘和企业级固态硬盘。相比普通硬盘，企业级机械硬盘在硬盘容量、磁盘转速、平均访问时间、数据传输率、IOPS（Input/Output per second，每秒读写次数）几个关键性能指标上遥遥领先，意味着更大的存储容量、更高的转速、更短的平均访问时间、更大的缓存和更多的平均无故障工作时间（通常在100万小时以上，是普通硬盘的两倍）。此外，为满足对读写速度要求极高（如内存数据库）的部分场景的需求，在不考虑成本或是收益足够的情况下，存放关键数据处理节点的服务器可以使用企业级固态硬盘。

（2）存储架构。随着业务不断发展，如何有效地管理日益增长的数据是企业不得不面临的难题。架设服务器通常是为了满足不断扩展的业务需求，而单台硬件无论如何扩充，都有性能极限。因此，升级整个系统的数据存储能力势在必行。如何让零散的存储空间组成系统？企业需要制定完善的数据存储备份方案，对存储的内容进行分类和优化，并更加高效且安全地将其存储到适当的存储资源中。目前，主流的存储架构包括DAS（Direct Attached Storage,直接附接存储）、NAS（Network Attached Storage,网络附接存储）和SAN（Storage Area Network,存储区域网）三种，适用于不同的场景。

总体来说，DAS是对服务器的简单扩展，不需要连接网络，一般应用于中小企业；NAS同时提供存储和文件系统，对客户端来说是一个文件服务器，性能取决于局域网的网络带宽；SAN使用特殊的设备接入网络，只提供基于区块的存储，对于客户端来说是一个逻辑上的磁盘，实现了对存储设备的统一管理，性能与其专用的光纤网络带宽有关。

（3）RAID（Redundant Arrays of Independent Disks，独立磁盘冗余阵列）技术。对于整个硬件系统而言，单块磁盘是不可靠的。为了将多块独立的磁盘组合成一个存储空间，防止单个磁盘的损坏影响存储的数据实体，且为其在物理层面制作可靠的备份，

RAID 技术应运而生。RAID 是一种将多块独立的磁盘（实体硬盘）按不同的方式组合成一个磁盘组（概念上的硬盘）的技术，可以提供比单块磁盘更大的存储容量、更高的安全性、更高的可靠性和更好的读写性能。

早期主要通过 RAID 备份、RAID 控制器等硬件来实现磁盘阵列，后来出现了基于软件实现的 RAID 技术。按照磁盘阵列的不同组合方式，RAID 技术被分为不同级别，代表不同的存储性能、数据安全性和存储成本。

RAID 技术的应用场景广泛，无论是在 DAS、NAS 还是 SAN 架构的存储方案中都可以使用，将零散的存储空间重新整合为一个更大、更稳定的空间。对于大数据系统来说，在重要数据高频存取场景下，需要高可用性与高性能的技术，较为常用的是 RAID0+1、RAID5。

4. 网卡

网卡又称为网络适配器或网络接口卡，是计算机赖以实现与局域网互联的设备。尤其对于需要对外提供服务的服务器，网卡是允许服务器将自己的计算与存储能力供给网络的“收费站”，是构成整体系统必不可少的设备。

服务器使用的网卡与消费级电子产品使用的网卡不同。为了保证服务器持续稳定工作，服务器专业网卡具有数据传输速度快、CPU 占用率低、安全性能高等特点，且自带控制芯片，配备网卡出错冗余、网卡负载均衡等容错功能。

网卡根据接口分为多种类型，服务器上主要使用 PCI-X 总线网卡或 PCI-E 总线网卡。目前的主流服务器几乎都带有内置的网卡，不需要额外配置。使用内置网卡时，需要注意其是否使用了特殊的控制芯片。如果使用了特殊的控制芯片，可能导致 Linux 系统预设的网卡驱动程序无法识别该网卡，必须安装专用的驱动程序才能顺利使用。

（三）硬件系统分析

1. 分析原则

无论是自建、租用服务器或是使用云服务器，都需要根据服务器应用的需求确定硬件配置。项目负责人在选择硬件系统时，需要进行的分析包括业务重要性分析、服务器用途分析、系统访问量分析、存储数据空间分析、服务器安全性分析和硬件预算分析等。

2. 分析实例

（1）需求背景。此需求来自一个省级社保机构的系统升级。该系统需要支撑本省异地转移、异地就医和异地领取养老金等业务，故需要升级其硬件的数据处理能力。该省约有 1 000 万人口，根据原系统的访问数据预估，每天有 1 万人左右访问系统并办理业务，并且大多数数据集中在上午 9 点到 11 点间产生。

（2）评估与实施。

1）服务器处理能力。该系统通常会用 TPPC(Transaction Processing Performance Council，事务处理性能委员会）组织发布的 TPC-C 基准评估服务器处理能力。在设计服务器处理能力时，需要综合考虑一些实际经验值和计算值，设计 CPU 的使用率在 35%～50%。服务器访问响应能力 =（在线用户数 × 并发率 × 在线用户平均发起请求比率）/（1- 冗余率），再考虑系统需要长时间支撑的增长量。其计算公式为：

$$TPC=(M\times M0\times Ct)/(T\times(1-M1))\times(1+P)Y$$

其中：

M　表示每日平均交易次数；

M0　表示基准 TPC 指标值对应实际交易值的比例；

Ct　表示交易日集中期内交易量比例；

T　表示交易日集中交易时间；

M1　表示 CPU 处理能力余量；

P　表示每年处理能力增长率；

Y　表示系统稳定服务年限。

已知全省参保总人数 C=1 000 万，系统开放日平均交易人数比例 a1=1‰，每笔交易对应数据库事务数 a2=5 次，则每日平均交易次数 M= C × a1 × a2=5 万。设交易日集中交易时间 T=120 分钟，交易日集中期内交易量比例 Ct=80%，基准 TPC 指标值对应实际交易值的比例 M0=6∶1，CPU 处理能力余量 M1=30%～45%，取 35%。系统稳定服务年限 Y=3 年，3 年内预计每年处理能力增长率 P=30%。

根据公式计算得出 TPC=（M × M0 × Ct）/（T ×(1−M1)）×（1+30%）3=12 000。也就是说，服务器选型应该考虑采用 TPC 值不低于 1.2 万的高端服务器系统配置。

2）内存容量。内存是所有程序运行的环境，设计内存容量时需要从不同应用的角度来考虑。不管是 Web 服务器还是数据库服务器，对内存和 CPU 的需求都很大，当众多用户远程访问时，为了保证系统的稳定运行，需要根据不同应用的需求考虑内存容量的设计。合理配置内存可以提高系统的响应速度、并发处理能力和数据处理能力，从而满足用户的需求并保证良好的用户体验。因此，充足的内存资源是构建高性能服务器不可或缺的重要因素。

3）I/O 性能。磁盘 I/O 性能是系统的瓶颈。在 CPU 处理能力一定的情况下，磁盘 I/O 性能的不同会造成服务器整体性能差异很大。应尽量选择强一些的磁盘 I/O 性能，考虑到单个磁盘的 I/O 性能是一定的，因此需要靠多磁盘并行读取来提高磁盘 I/O 性能。在容量和性价比容许的情况下，选择容量较小而数量多的磁盘，能提高磁盘的 I/O 性能。如果服务器采用了高性能的 CPU 与大容量内存，主机系统总线带宽、I/O 总线带宽也需要与之匹配，否则 CPU 与内存的性能将无法完全发挥。

4）存储容量。根据历史数据测算，交换区平均数据量为 200 GB，峰值数据量为 200 GB × 1.5，考虑 0.2 倍的数据库索引和系统占用空间，做 RAID 保护后，总存储空间利用率预计为 60%。为应对可能的业务增长而提供 30% 的数据扩充能力等因素，总存储容量至少需要达到 $200 \times 1.5 \times 1.2 \div 60\% \div (1-30\%) \approx 858$ GB，故需要 1 TB 存储空间，采用 SAN 中的光纤通道阵列作为数据存储。

二、大数据系统的网络规划

根据对大数据系统的需求，参考服务器的分类依据选定硬件设备后，我们需要考虑如何把服务器及外围设备通过网络连接起来，形成对外提供服务的系统，从而能够准确接收来自客户端的服务请求，并做出及时的反馈。

在大中型企业中，数据中心的网络是由网络工程师所在的部门负责具体设计与实施的，体系复杂且分工明确。中级大数据工程技术人员通常在大数据系统建设的项目中扮演需求提供方的角色，因此学会如何测算系统对网络的需求、作出合理的规划及提出准确的需求，能够避免出现低级的设计错误，并预估今后需求更新可能产生的主要问题。为小型企业及个人工作者提供的服务体系较为简单，通常没有网络规划的需求，因此不要求具体的大数据应用系统建设者深入掌握网络基础理论与实操过程，之前了解的与网络配置相关的基础知识已经足够。

（一）网络基础原理与网络设备

1. 网络基础原理

计算机网络的体系结构是以 OSIRM（Open System Interconnection Reference Model，开放式系统互联通信参考模型）为基础模型，由其基本框架与概念、各项协议实体、数据单元、服务及各层功能特性组成的理论基础体系，是网络工程技术人员必备的知识。熟悉计算机网络模型、网络互联基本原理及数据通信等网络通信的基础知识，能够为分析并排除网络故障提供帮助，大数据工程技术人员可以根据需要自行学习。

2. 网络设备

了解网络技术的基础原理后，简单学习一些组网技术，能够为大数据工程项目中的网络需求规划提供更合理的测算依据。组网技术主要是部署和配置网络设备，对于大数据系统而言，必不可少的网络设备有交换机和路由器。

（二）系统组网方案设计

1. 网络需求分析与通信流量测算

（1）网络需求分析。大数据工程技术人员应从系统整体考虑需求，网络需求是项目总需求的一部分。网络需求至少包括用户需求、系统建设需求、基础软硬件平台需求、网络带宽需求与测算、性能需求分析、安全系统建设需求六部分。大数据系统建设网络需求清单见表 2-1。

表 2-1　　大数据系统建设网络需求清单

需求类型	需求内容
用户需求	收集用户需求，设计出符合用户需求的网络；收集需求机制，包括与用户群交流、用户服务和需求归档
系统建设需求	远程接入的方式；选择城域网或广域网；组织机构框架；运营体系；安全信任体系；数据灾容与恢复
基础软硬件平台需求	工作站，指具备强大的数据运算与图形、图像处理能力的高性能终端计算机；分析个人计算机的处理器、内存、操作系统及网络配置等；中小型机，指具有区别于 PC 和服务器的特有体系结构；大型机，可以管理大型网络，存储大量数据，以及驱动数据并保证其数据的完整性

续表

需求类型	需求内容
网络带宽需求与测算	局域网的功能；数据备份和容灾；网络管理，包括软件支持标准、硬件支持、软件范围及可管理性等
性能需求分析	网络性能，主要考虑网络容量和响应时间；有效性，指在进行网络建设策略选择时产生的各种过滤条件；远程访问功能；控制、维护网络和计算机系统的功能
安全系统建设需求	身份认证；内核加固；账户管理；病毒防护；漏洞发现与补丁管理；系统备份与修复；桌面安全管理；系统监控与审计；访问控制

大数据工程技术人员可以根据业务经验提供更精确的数据，如测算带宽、流量需求，以便网络建设人员更好地理解与实施。

（2）通信流量测算。对于复杂网络，需要先进行通信流量分析后再来测算。通常是先把网络分成易于管理的多个网段，根据业务描述和用户需求，估算典型个人用户业务行为将产生的通信流量，乘以并发数来估算网段的总通信流量，分析内外负载以确定本地和远程网段上的通信流量分布。对区分出来的所有网段，重复上述分析步骤以计算出内部的所有通信流量。最后，分析广域网和网络骨干的通信流量。

2. 网络结构设计

（1）逻辑网络设计。逻辑网络结构设计需要根据用户的分类和分布，选择特定的网络结构，并使用特定的技术来完成。逻辑网络大致描述了设备的互联及分布情况，但不会对具体的物理位置与运行环境进行规定。

1）确定逻辑设计目标。这部分是用户及网络管理部门需求的汇总体现。一般情况下，逻辑设计目标包括：提供应用系统环境；选择成熟稳定的技术；构建合理的网络结构；确定网络的周期性运维成本；保障网络结构的可扩充性、易用性、可管理性、安全性等。在大多数情况下，这些目标可能存在冲突，因此只能由用户与网络建设者一起确定目标之间的优先级，让相互矛盾的目标更加协调。

2）网络服务评价。不同的系统对网络服务的要求也不同，在设计阶段，需要考虑的是影响系统运行和维护的两种主要服务，即网络管理服务与网络安全服务。这两种服务通常在网络建设完成之后，由系统用户中的网络管理人员进行维护。在中小企业中，这两种服务可能由大数据工程技术人员承担，或是用体系化的方式形成管理和安全机制。

①网络管理服务。网络管理服务包含网络故障诊断、网络的配置与重配置、网络监控这三项工作，需要在系统中预先装载网络管理软件、诊断工具、配置管理工具和监控工具，并根据可能的情况设计网络管理的全套预案，如问题发现与处理机制等。

②网络安全服务。网络安全服务是逻辑设计中的固有部分，因为网络的（逻辑与物理）结构决定了网络安全的基础，出现危机时很难弥补。在进行设计时，需要明确重点保护系统的逻辑位置。确定网络结构后，通过测试找出潜在的网络弱点和漏洞，在保护数据安全和简化制度之间取得平衡，并保证系统中的所有人员都能严格执行安全制度。

3）技术选项评价与决策。在决策前，主要考虑网络设计是否合理，重要的考虑因素包括通信带宽及扩展性、技术成熟度、连接服务类型和投入产出比等。

（2）网络结构选择。网络拓扑 (Network Topology) 结构是指用传输介质连接各种设备的物理布局。常见的网络拓扑结构包括星形拓扑、总线型拓扑、环形拓扑、树形拓扑、网形拓扑等。企业局域网常用的是星形、总线型或者各种拓扑结构的混合。每种连接方式都有其适用的场景和特点，需要根据实际情况加以选择。

1）服务器作为一台终端直连局域网。在最简单的情况下，服务器与其他设备一样，通过一条 ADSL（Asymmetric Digital Subscriber Line，非对称数字用户线路）连接到互联网。在这种情况下，服务器与局域网内其他设备处于同等地位，都是单独连接到交换机再连接到互联网上的。此时，局域网内的所有设备只需要具有同网域的私有 IP，就可以进行连接，服务器可以作为内部文件服务器或打印机服务器使用。但在这种情况下，局域网与互联网之间没有办法设置防火墙，无法区分内外访问，数据安全也得不到保证，因此不推荐企业使用这样的网络结构。

2）服务器与其他客户端分区域连网。如果具有多个可用的公网 IP，且服务器主要提供外网访问或公共邮件服务，那么就可将服务器所在网域与内部客户端网域分开。在这种情况下，所有局域网内的客户端处于同一网域，能够确保局域网内的传输速度。如果客户端需要连接互联网，必须通过 NAT（Network Address Translation，网络地址转换）网关，而在网关设备上可以设置防火墙规则，方便对内部设备进行维护和管理。

3）服务器管理局域网并直接连网。在不使用网关设备的情况下，可以直接利用服务器管理局域网，这种方案适用于只有一个公网 IP 的情况。服务器承担了 IP 分享器的功能，具有对内与对外的两套网卡。此时，服务器作为内部局域网的管理机和防火墙，具有设定简便和功能完善的特点，且比高端硬件防火墙便宜。由于服务器身兼多职，因此对服务性能有一定影响。一旦服务器宕机，整个局域网就无法连接外网。这种网络结构比较适合小型的局域网，如提供服务单一且人数较少的公司网站。

4）服务器通过防火墙联网。大中型企业常用的网络结构是先将服务器放在局域网内（通常服务器主机都会被集中放置在专用机房中，连接到内部局域网环境里），然后通过防火墙的封包重定向功能筛选来自外部网络的请求，最后使允许的请求进入服务器。这种网络结构可以较好地发挥防火墙的作用，抵挡各种外部侦测和攻击行为，充分保障系统的安全。

这种方案适用于企业业务场景，网关设备可以是被淘汰的服务器主机，不需要大容量的存储与强劲的处理能力，只需要网口和网卡设备合格即可。这种情况下，防火墙的设置比较复杂，需要由网络工程师处理。

三、硬件系统故障处理

大数据工程技术工作人员会遇到各种软硬件系统的故障。在职业生涯初期，因为工作内容性质和管辖权限范围问题，硬件故障通常由更有经验的、更专业的人员去处理，部分问题还需要交由设备供应商或厂家解决。到了工程师阶段，管辖权限范围随着经验与技能的提升同步扩大，大数据工程技术人员需要具备排除故障的思维与方法，掌握一定的常见硬件故障处理技能。

硬件系统故障处理通常不属于大数据工程技术人员的岗位职责，但如果他们能够掌握这种技能，将对维护系统的稳定运行十分有帮助。从系统角度看，工作人员的能力也是系统整体性能的一部分，数据系统管理者掌握一定的硬件系统故障处理技能，能够更快地发现造成问题的原因、制定处理方案，并加快处理进度，使系统尽快回到正常的运行轨道。

（一）故障处理

操作系统的任务完成情况，与系统自身设置、网络拓扑结构、路由设备、路由策略、接入设备、物理线路等多个方面密切相关。任何一个环节出现问题，都会影响整个系统的性能。当系统出现问题时，应当从操作系统、服务器硬件、网络环境、应用程序等方面综合排查问题，然后集中解决。

1. 常见故障类型

企业架设的服务器尤其是对外提供业务服务的服务器，如果发生故障，必然影响正常业务开展，甚至造成客户流失。因此，服务器故障是业务管理者和系统管理者一定要极力避免的情况，一旦出现故障，必须把业务损失降到最低。

通过工具远程管理服务器，工程师无须守在机房里即可不间断地监控和管理。这样既能节省管理人员的精力，又能更快地发现与解决问题，避免影响企业业务开展。一般来说，凡是软件和网络的问题，都可以借助远程工具来管理，而大多数硬件的问题也可以通过远程工具来监控并找出原因。当然，部分情况下还是需要工程师前往现场解决问题的。

以下是一些常见故障的解决思路与办法。

（1）服务器无法启动。首先判断服务器是否断电或接触不良，可能是市电故障或电源线故障，需检查电源线和各种 I/O 接线是否连接正常。如果市电与电源接线正常，则需要查看电源或电源模组是否出现故障。检查电源前，先将所有电源接口从服务器拔下，再将电源主板供电口的绿线和黑线短接，看电源是否启动，如无法启动则需要更换电源模组。如果电源正常，则需要检查主板开关。将服务器设为最小配置，即只接单个 CPU、最少的内存、只连接显示器和键盘，然后短接主板开关跳线，看是否能够启动。如果主板能成功上电，则需要检查主板或其上部件的故障，主要是 CPU 或内存，需要用替换法来排除故障。在最小化配置下，先由最容易替换的配件开始，顺序为从内存到 CPU。如果仍无法解决问题，就可能是主板损坏了，此时需要更换主板并将损坏主板送厂商进行二级维修。在极少情况下，其他板卡部件会发生冲突，导致无法启动，此时可更换这些部件。

（2）开机自检无法通过。服务器接通电源后，首先会自动运行主板上 ROM（Read Only Memory，只读存储器）芯片内固化的 BIOS（Basic Input Output System，基本输入输出系统）程序，通常称为 POST（Power On Self Test，上电自检）。如系统无法通过自检，则需要切断电源，打开机箱，用 CMOS CLEAR 跳线的跳线帽将另外两个针短接，然后让服务器上电，开始自检。等自检完毕，系统报告 CMOS 已被清除，此时关掉机器电源，把跳线复原。重新启动电源，即可通过自检正常开机。

有时候，为正常使用的服务器换装一块新硬盘，但安装到机器上之后，却无法通过自检。此时，取下新硬盘再开机，看是否能通过自检。如果在没有新硬盘的情况下能通过自检，则需要检查新硬盘的 ID 号是否与原来硬盘的 ID 号相同。如果硬盘的 ID 号相同，自检将无法通过。

（3）物理内存插槽报错。服务器有时也会遇到与家用计算机类似的蓝屏报错，这种情况除了是操作系统的问题以外，也可能是内存条接触不良或内存损坏导致的。如果物理内存未损坏，可以在开机后，按 F2 键进入 SETUP，再依次进入 ADVANCED → MEMORY CONFIGURATION，选择 CLEAR DIMM ERRORS 选项并重启服务器。

（4）系统频繁重启、宕机。服务器频繁宕机的原因有很多，需要逐步排查是硬件还是软件的问题。

1）硬件问题。首先，考虑电源故障与电源供电是否不足，可以通过计算服务器电源所有负载功率的值来判断；其次，考虑硬盘和内存故障，扫描磁盘表面是否有坏道。通过主板 BIOS 中的错误报告和操作系统的报错信息来判断是否有内存故障；再次，考虑 CPU 和其他板卡故障或硬件冲突，一般是 SCSI/RAID 卡，其他 PCI（Peripheral Component Interconnect，互连外围设备）设备也有可能造成系统宕机，可用替换法判断处理；最后，即便完成故障部件的替换，也应进行拷机压力测试，以检查是否彻底解决了故障。

2）软件问题。首先，检查操作系统的系统日志，据此找出造成死机的部分原因；然后，考虑应用软件使用不当或系统工作压力过大导致的宕机。例如，如果网络端口数据流量过大，则应适当降低服务器的工作压力，如果这样就解决了问题，则需要优化应用软件乃至服务流程。如果确定无硬件故障，则应重点考虑因系统软件错误或漏洞而造成宕机，可更新或重装操作系统。如果无法解决问题，则需要寻求系统软件提供商的帮助。如果服务器中了病毒，则需要打安全补丁或格式化，并重装操作系统。

2. 故障处理实操

Linux 操作系统提供了许多监控系统状态的命令，常用的监控命令有 vmstat、sar、iostat、netstat、free 等。其中，vmstat、sar、iostat 命令可用于检测是否存在 CPU 瓶颈；vmstat、free 命令可用于检测是否存在内存瓶颈；iostat 命令也可用于检测是否存在磁盘 I/O 瓶颈；netstat 命令可用于检测是否存在网络带宽瓶颈。

另外，还可以通过安装并使用服务器监测软件来监控服务器状态。常用的企业级监测软件有 Zabbix、Nagios、OSSIM、Spiceworks、Zenoss 等。

造成服务器硬件问题的原因有很多，包括设备、模块、驱动程序、BIOS、网络等故障，甚至是旧硬件故障。服务器硬件故障排查需要具备相当扎实的知识，包括掌握功能强大的命令行的使用、解读系统日志、诊断内核空间以发现产生硬件问题的根本原因等。

（二）性能调优

1. 性能评估

大数据系统的性能是多个层次系统共同作用的结果。在了解服务器硬件、网络环境及网络环境造成的影响后，大数据工程技术人员需要了解操作系统如何影响系统性能，并使用操作系统对硬件及网络资源进行调优配置。

（1）查看硬件。在大中型企业的内部机房或专业的 IDC 机房中，服务器数量少则为十几台，多则为上百台。工作人员要查询服务器的硬件配置，不必寻找硬件购置清单或比对历次硬件升级的记录，只要有系统管理员的账号密码，就能够通过相应命令远程查看服务器当前状态、性能等各项详细信息，省时省力。

（2）查看网络。在服务器上安装好操作系统后，需要在内网环境中配置其 IP，以使设备在网络上拥有自己的“地址”，这样才能让其他设备进行访问。网络带宽也是影响性能的一个重要因素，不过现在一般都是千兆带宽或光纤网络，对应用程序性能造成的影响相对较小。

2. 性能调优

分析 Linux 服务器运行时的性能瓶颈是开展性能调优的基础。造成系统性能瓶颈的原因各异，通常多个大型应用程序同时运行时，服务器内存不足出现的概率更高；如果不是应用程序初次启动，那么加载时间过长通常是因为硬盘读写性能差；如果内存够用，但 CPU 利用率很低且负载持续很高，就要监控负载时间。

（1）优化与调整。

1）系统安装优化。系统优化可以从安装操作系统开始，当安装 Linux 系统时，磁盘的 RAID 级别、内存交换区大小将直接影响系统的运行性能。

磁盘分配可以遵循应用的不同需求：对写操作频繁而对数据安全性要求不高的应用，磁盘可以做成 RAID0；对数据安全性较高，但对读写没有特别要求的应用，磁盘可以做成 RAID1；对读操作要求较高，而对写操作无特殊要求，并对数据安全性要求较高的应用，磁盘可以选择 RAID5；对读写要求和数据安全性要求都很高的应用，磁盘可以选择 RAID10/01。通过针对不同应用的需求，设置不同的 RAID 级别，即可在磁盘底层对系统进行优化操作。

2）内核参数优化。系统安装完成后，优化工作并没有结束，接下来还可以对系统内核参数进行优化。内核参数的优化要和系统部署的应用结合起来整体考虑。例如，在部署 Oracle 数据库应用的时候，需要对系统共享内存段、系统信号量、文件句柄等参数进行优化设置；如果部署的是网页应用，则需根据网页应用特性进行网络参数的优化，修改网络内核参数。

（2）网络性能与安全改善。

1）开启 DNS（Domain Name System，域名系统）缓存守护进程。开启 DNS 缓存守护进程可降低解析 DNS 记录需要的带宽和 CPU 时间，避免 DNS 缓存每次都从根节点开始查找记录，从而有效地改善网络性能。

2）优化 TCP（Transmission Control Protocol，传输控制协议）参数。优化 Linux 下的 TCP 参数，有助于提高网络吞吐量。TCP 收发缓存大小决定发送主机在没有收到数据传输确认时，可以向接收主机发送多少数据。跨广域网的通信使用的带宽大，延时长时，建议使用大的 TCP 收发缓存，以提高数据传输速率。

3）文件加密确保安全。为提高备份文件或敏感信息安全性，许多系统管理员都使用 GPG（GNU Privacy Guard，一个开放源码的加密产品）进行加密。它可以使用 AES（Advanced Encryption Standard，高级加密瞄准）256 加密算法，即 256 位密钥的加密算法，较为可靠地确保加密文件不被破解。

4）采用远程备份服务。系统管理员最担心的情况是备份文件丢失，若黑客入侵并删除备份文件，将导致不能用备份恢复系统，使任何事件都可能造成严重后果。为了保证备份文件的绝对安全，现在有第三方提供远程备份服务的业务，使用 scp 脚本或 Rsync 工具，通过 SSH（Secure Shell，安全协议外壳）传输数据。这样就没有人可以直接访问远程系统，进而防止黑客通过备份服务删除数据。

（3）关闭与禁用。

1）关闭 GUI。GUI 会占用系统资源。一般情况下，所有管理任务都用命令行完成，不需要开启 Linux 操作系统的 GUI。使用 init 命令禁用 GUI，将其 init level（启动级别）设置为命令行登录，而不是图形登录。如果临时需要 GUI，可以用 init 命令开启图形用户界面。

2）禁用控制面板。在部分版本的 Linux 操作系统中，预装了许多控制面板。它们主要用于管理虚拟主机或者专用主机上众多的站点，如 cPanel、ZPanel、ISPCP、Plesk、WebMin 等。与 GUI 类似，企业级别的维护人员一般不用这种控制面板，保留需要使用的面板而禁用其他的，能够释放大量内存。

3）禁用不必要的守护进程。Linux 操作系统默认运行了一些非必要的守护进程或服务，不断消耗内存和 CPU 资源。禁用它们可以减少启动时间，释放内存，减少要处理的进程数。

（4）优化第三方应用。对于运行在 Linux 操作系统上的第三方应用程序，也存在许多性能优化技巧，这些技巧有助于提高 Linux 服务器的性能，降低运行成本。

1）清理不需要的模块或功能。把资源用到真正需要它们的软件上，可以使其运行得更快。Apache“全家桶”中默认启动了许多功能模块，禁用其中无用的部分，有助于提高系统可用的内存量。

2）正确配置 Apache。检查 Apache 使用了多少内存，再调整 StartServers 和

MinSpareServers 参数，以释放更多的内存，最多能节省 30% ~ 40% 的内存。

3）正确配置 MySQL。通过设置 MySQL 缓存大小，给 MySQL 分配更多的内存。如果 MySQL 服务器使用了更多内存，就减少 MySQL 缓存；如果 MySQL 在请求增多时变慢甚至停滞，就代表需要增加 MySQL 缓存。

四、大数据系统工程实施方案制定

下面通过一个实际项目的工程实施方案，介绍大数据系统工程是如何开展的，有利于大数据工程技术人员了解除大数据技术工作以外，在整个大数据系统工程中还有哪些必不可少的工作，有助于培养系统工程的思维。

（一）项目实施方案设计

1. 项目概述

不管是需求文档还是设计文档，开头必须介绍项目的基本情况，即项目概述。项目概述至少应该包含三个方面主要内容：项目建设目标、项目建设内容、项目建设要求。

（1）项目建设目标。项目建设目标是实施该项目所能达到的期望结果，在大数据系统工程项目中通常指的是大数据系统稳定运行后能够支撑的业务和得到的价值。大型项目通常是多目标的，项目建设目标又分为总目标与子目标，总目标分解为不同层级的子目标，且具有不同的优先级，通常用 SMART（Specific、Measurable、Attainable、Relevant、Time-bound、即具体、可衡量、可达成、相关性强、期限明确）原则衡量各项目标是否清晰。

（2）项目建设内容。项目建设内容是基于项目目标结果而规划的各个项目中的过程产出。在大数据系统工程项目中，往往指的是需要搭建的硬件系统、网络架构、软件架构及软件功能模块、系统运营架构及人员配置，可能还包括各项软性能力体系的建设。

（3）项目建设要求。项目建设要求是对项目建设目标和项目建设内容的方法与原则的概括，明确要求建设过程遵循的原则，避免出现因唯结果论而导致项目实施或成效与预期产生不可估计的偏差。

2. 项目实施工作内容

项目实施工作内容主要包括需求分析和总体技术设计。

（1）需求分析。需求分析是需求人员对建设内容的详细调研、整理、分析，最后形成需求规格说明书的过程。需求分析过程中会涉及调研大纲、会议纪要、用户资料管理、需求调研报告、需求规格说明书等的产出。

（2）总体技术设计。总体技术设计就是设计人员对项目从架构、技术选取、技术框架、软件设计、性能指标等方面进行设计，至少包含以下内容。

1）建设思路。计划通过什么方法解决哪些问题，也是对目标的可行性评估。

2）总体框架。通过一张总体架构图，体现系统的整体结构和关系图，在大数据系统中通常为网络拓扑图。

3）技术路线。技术路线是建设思路的进一步延伸，帮助项目中各环节人员了解项目选择的技术，为什么要选择这些技术，以及解决哪些问题。

4）技术框架。根据总体框架分析出各模块的技术框架，各个层级相互对应。

5）应用设计。根据项目建设目标及内容，梳理各个子系统或功能之间的逻辑关系，构建典型的用户情景。

6）性能指标。根据用户要求，利用技术手段和资源冗余，达到系统性能指标要求。例如，查询等待时间不超过 1 秒，高峰期支撑 10 000 人并发访问等。

7）部署方案。根据项目建设目标与要求，提出合理的部署方案，包括环境建设方案、硬件建设方案、软件部署方案、网络方案、安全方案、容灾备份方案等。

3. 项目实施组织安排

（1）项目组织结构。根据项目实际情况，组织项目实施团队。项目组织结构通常包含项目管理结构，即领导小组、管理小组、专家顾问组、设计组、开发组、测试组、运维组、商务组等。每个项目组应安排不同角色，明确工作范围和工作内容。

（2）项目人员安排。项目主要参与人员应当在项目前期确定，尽量保持稳定，明确他们各自的职责，由项目管理人员作为对外交流与对接的渠道。

（3）实施计划。实施计划是在要求的时限内，遵照项目建设要求，完成各项项目建设内容，并达成项目目标的计划表。实施计划应包括任务名称、工期、责任人、相关说明等内容。

4. 项目验收方案

大数据系统工程项目验收与其他软件工程相似，也包括项目初验、项目试运行、项目终验三个部分。各阶段的目标不同，验收方式也就不同，应明确各阶段需要花费的时间、前置条件及产出的文档。除了明确验收标准以外，重点考虑各阶段验收不通过时的预案或补救措施，这些都需要体现在项目验收方案中。

5. 人员培训与安排

系统部署完成后，还需要对运维人员或系统管理员进行培训。项目设计人员需根据项目里程碑及系统用户特点，编写培训计划表，内容包括培训内容、培训对象、培训时间、培训地点、培训方式、培训资料等。

6. 售后服务方案

售后服务方案包含服务体系和服务人员安排。服务体系是用来接收处理用户问题的，根据问题的种类和紧急状态，提供不同的响应方式，包括电话服务、远程服务、驻场服务、系统完善修改等。服务人员安排是指预先安排人员处理可能出现的问题，包括远程服务与驻场定点服务。

（二）大数据系统工程实施案例

下面从一个真实的政府数据中心建设项目中截取部分信息作为案例，以展示一个大数据项目中涉及的有关内容。该项目涉及的硬件与网络需求背景信息如下。

第一，应用性能需求。应用系统的性能应满足业务处理流程的要求，具有稳定、可靠、实用等特点，人机界面友好，输入输出便捷，查询功能简单明了。

第二，响应需求。系统在访问高峰时期，需能够支撑同时在线人数不少于 1 000 人的访问要求。在网络出口带宽为 100 MB 的情况下，保证系统在业务高峰期间能稳定运行，具体性能要求为：具备良好的并发响应能力，整体响应性能在 2 秒以内，正常情况下并发数应不小于 100 个；支持 3 年内年增长 20% 的处理能力要求；应用系统并发数设计支持 30% 的冗余，保证系统在业务高峰期间稳定运行；服务器忙时 CPU 占用率小于 70%。

某政务大数据系统应用架构如图 2–1 所示。

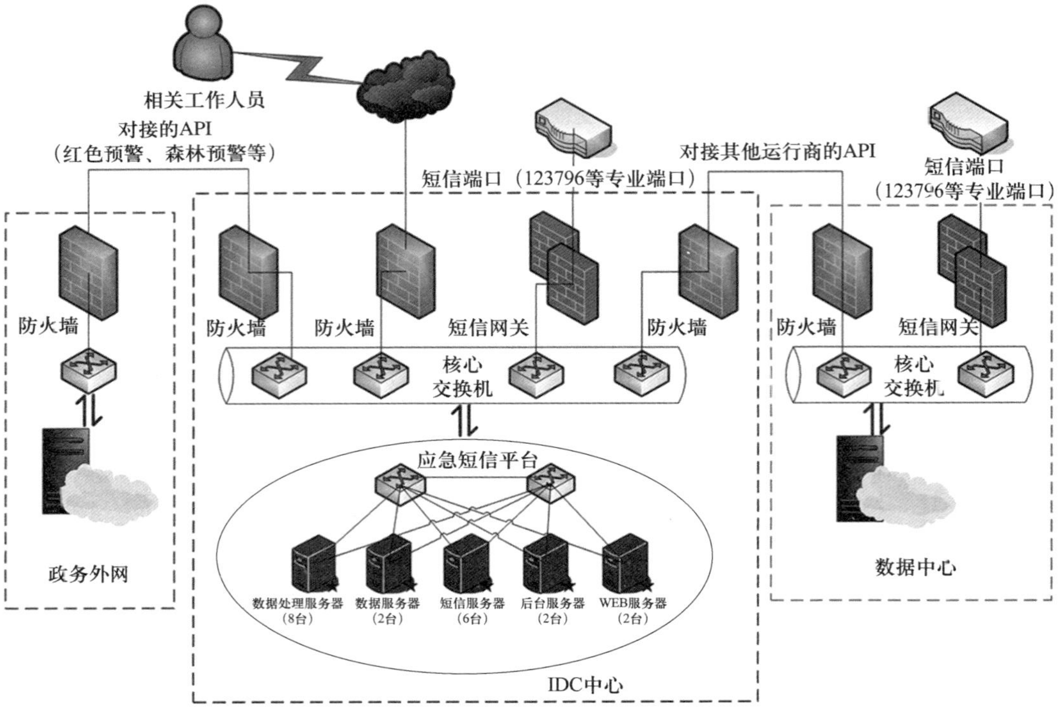

图 2–1　某政务大数据系统应用架构

1. 测算主机资源

本项目中主机服务器主要用于数据库服务及应用系统服务，其配置设计主要从三个方面来考虑。

（1）关于 CPU 性能，主要以服务器的 TPM 值和参考 SPECweb2005（一款较常用的测试 Web 性能的软件）计算出来的请求数作为选型参考。在设计服务器处理能力时，需要综合考虑实际经验值和所计算值，设计 CPU 的使用率在 50% 以内；SPECweb2005 标准的衡量结果是 1 台 Web 服务器能够有效响应客户端 Web 请求的最大极限个数。因此，测算的结果是 1 个 Web 请求数字，单位是个。在评估应用服务器的 SPECweb2005 值时，通常通过系统在线用户数量，结合其并发率估算出并发用户数，再参照日常业务使用场景中可能发起的 HTTP 请求来进行估算。

（2）设计内存时，需要从不同应用要求的角度来考虑，不管是网页服务器还是数据库服务器，对内存和 CPU 的开销相对较大，多用户访问时，应保证有充足的资源。

（3）在 CPU 处理能力一定的情况下，磁盘 I/O 性能是系统的瓶颈，磁盘 I/O 性能应尽量选择强一些。考虑到单个磁盘的 I/O 性能是一定的，因此需要靠多磁盘并行读取来提高磁盘 I/O 性能，在容量和性价比容许的情况下，尽量选择容量较小而数量多的磁盘，能大大提高磁盘 I/O 性能。

2. 测算数据库实例

本项目中数据库实例配置设计主要以各项业务的 TPS（Transactions Per Second，每秒传输的事物处理个数）和 tpmC 测算结果为依据。

（1）TPS，即服务器每秒处理的事务数。TPS 包括一条消息入和一条消息出，加上一次用户数据库访问。

（2）在 tpmC 中，tpm 是 transactions per minute 的简称，C 是指 TPC 中的 C 基准程序。tpmC 值在国内外被广泛用于衡量计算机系统的事务处理能力。

第二节　软件系统部署

大数据时代已经来临，大数据技术受到了广泛关注，成为继云计算、物联网之后 IT 行业的又一颠覆性技术。在众多大数据软件中，Hadoop、Spark 和 Flink 应用较多。本节将介绍这三种大数据软件的安装和部署。

一、Hadoop 的安装方法与步骤

（一）下载安装文件

本节使用的 Hadoop 版本是 3.3.5，读者可以在 Hadoop 官网获取相应的安装文件。

由于使用 Hadoop 用户登录 Linux 系统操作，因此，hadoop-3.3.5.tar.gz 文件会被保存到 /home/hadoop/Downloads/ 目录下。

在下载完安装文件后，需要对文件进行解压操作。根据 Linux 操作系统的默认规范，用户安装的软件通常存放在 /usr/local/ 目录下。使用 Hadoop 用户登录 Linux 操作系统，打开一个终端，并执行以下命令：

```
$ sudo tar -zxvf ~/Downloads/hadoop-3.3.5.tar.gz -C /usr/local  # 解压到 /usr/local 目录下
$ cd /usr/local/
$ sudo mv ./hadoop-3.3.5/ ./hadoop     # 将文件夹名改为 hadoop
$ sudo chown -R hadoop:hadoop ./hadoop     # 修改软件用户和属组
```

Hadoop 在解压后即可投入使用，可以通过输入以下命令来检查是否正常运行，如果成功，则会显示 Hadoop 的版本信息。

```
$ cd /usr/local/hadoop
$ ./bin/hadoop version
```

（二）伪分布式模式配置

Hadoop 可以在单个节点（一台机器）上以伪分布式模式运行，该节点同时扮演名称节点（NameNode）和数据节点（DataNode）的角色，主要读取分布式文件系统 HDFS 中的文件。

1. 修改配置文件

为了使 Hadoop 在伪分布式模式下正常运行，需要对相关配置文件进行相应修改。Hadoop 的配置文件位于 /usr/local/hadoop/etc/hadoop/ 目录下，进行伪分布式模式配置时，需要修改两个配置文件，即 core-site.xml 和 hdfs-site.xml。

使用 vim 编辑器打开 core-site.xml 文件，它的初始内容如下：

```
<configuration>
</configuration>
```

修改以后，core-site.xml 文件的内容如下：

```
<configuration>
    <property>
        <name>hadoop.tmp.dir</name>
        <value>file:/usr/local/hadoop/tmp</value>
        <description>Abase for other temporary directories.</description>
    </property>
    <property>
        <name>fs.defaultFS</name>
        <value>hdfs://localhost:9000</value>
    </property>
</configuration>
```

在上面的配置文件中，hadoop.tmp.dir 用于保存临时文件，若未配置 hadoop.tmp.dir 参数，则默认使用的临时目录为 /tmp/hadoo-hadoop。然而，在 Hadoop 重启时，该目录有可能被系统清理掉，导致出现一些意外问题。因此必须配置该参数以避免此类情况发生。fs.defaultFS 参数用于指定 HDFS 的访问地址，其中“9000”是使用的端口号。

此外，还需要对配置文件 hdfs-site.xml 进行修改，修改后的内容如下：

```
<configuration>
    <property>
        <name>dfs.replication</name>
        <value>1</value>
    </property>
    <property>
        <name>dfs.namenode.name.dir</name>
```

```
        <value>file:/usr/local/hadoop/tmp/dfs/name</value>
    </property>
    <property>
        <name>dfs.datanode.data.dir</name>
        <value>file:/usr/local/hadoop/tmp/dfs/data</value>
    </property>
</configuration>
```

在 hdfs-site.xml 配置文件中，dfs.replication 参数用于设定副本的数量。在 HDFS 中，数据会通过冗余存储的方式进行保存，以确保可靠性和可用性。由于当前采用的是伪分布式模式，仅有 1 个节点存在，因此只可能存在 1 个副本。因此，将 dfs.replication 的值设置为 1。此外，dfs.namenode.name.dir 参数用于指定名称节点的元数据保存目录，而 dfs.datanode.data.dir 则用于设定数据节点的数据保存目录。这两个参数必须进行设定，否则后续操作可能会出现错误。

需要指出的是，Hadoop 的运行方式（如单机模式或伪分布式模式）是由配置文件决定的。启动 Hadoop 时会读取配置文件，并根据配置文件来决定运行模式。因此，如果需要从伪分布式模式切换回单机模式，那么只需要删除 core-site.xml 中的相关配置项即可。

2. 执行名称节点格式化

修改配置文件以后，要执行名称节点的格式化，命令如下：

```
$ cd /usr/local/hadoop
$ ./bin/hdfs namenode -format
```

如果格式化成功，会看到“successfully formatted”的提示信息。

3. 启动 Hadoop

执行下面命令启动 Hadoop：

```
$ cd /usr/local/hadoop
```

```
$ ./sbin/start-dfs.sh  #start-dfs.sh 是个完整的可执行文件，中间没有空格
```

Hadoop 启动完成后，可以通过命令 jps 来判断是否成功启动，命令如下：

```
$ jps
```

若成功启动，则会列出如下进程：NameNode、DataNode 和 SecondaryNameNode。如果看不到 NameNode 或 DataNode 进程，则表示配置不成功，请仔细检查之前的步骤，或通过查看启动日志排查原因。如果看不到 SecondaryNameNode 进程，请运行命令“./sbin/stop-dfs.sh”关闭 Hadoop 相关进程，然后尝试再次启动。

二、Spark 的安装方法与步骤

Spark 的部署模式主要有五种：Local 模式（单机模式）、Standalone 模式（使用 Spark 自带的简单集群管理器）、Yarn 模式（使用 Yarn 作为集群管理器）、Mesos 模式（使用 Mesos 作为集群管理器）和 Kubernetes 模式（部署在 Kubernetes 集群上）。下面介绍 Local 模式（单机模式）的 Spark 安装。

（一）下载安装文件

用 Hadoop 用户登录 Linux 操作系统，打开浏览器，访问 Spark 官网，在页面中选择下载相应版本的 Spark 安装包，本节使用 spark-3.4.0-bin-without-hadoop.tgz 安装包。将下载后的文件保存在 ~/Downloads 目录下。

下载完安装文件以后，需要对文件进行解压。按照 Linux 操作系统使用默认规范，用户安装的软件一般都存放在 /usr/local/ 目录下。使用 Hadoop 用户登录 Linux 操作系统，打开一个终端，执行如下命令：

```
$cd ~
$ sudo tar -zxvf ~/Downloads/spark-3.4.0-bin-without-hadoop.tgz -C /usr/local/
$ cd /usr/local
$ sudo mv ./spark-3.4.0-bin-without-hadoop/ ./spark
$ sudo chown -R hadoop:hadoop ./spark   # 修改 Spark 软件包的用户和属组为 hadoop
```

（二）配置相关文件

安装文件解压缩以后，还需要修改 Spark 的配置文件 spark-env.sh。首先，复制一份由 Spark 安装文件自带的配置文件模板，命令如下：

```
$ cd /usr/local/spark
$ cp ./conf/spark-env.sh.template ./conf/spark-env.sh
```

然后，使用 vim 编辑器打开 spark-env.sh 文件进行编辑，在该文件的第一行添加以下配置信息：

```
export SPARK_DIST_CLASSPATH=$(/usr/local/hadoop/bin/hadoop classpath)
```

有了上面的配置信息以后，Spark 就可以把数据存储到 Hadoop HDFS 中，也可以从 HDFS 中读取数据。如果没有配置上面信息，Spark 就只能读写本地数据，无法读写 HDFS 数据。

此外，我们还需要对 log4j 日志显示格式进行设置，让 Spark Shell 在运行过程中不要产生大量 INFO 级别的提示信息，因为这些提示信息会把程序执行结果"淹没"掉，导致无法快速看到程序运行结果。我们可以使用 vim 编辑器新建一个 log4j.properties 文件，命令如下：

```
$ cd /usr/local/spark/conf
$ vim log4j.properties
```

在该文件的第一行添加以下配置信息：

```
rootLogger.level = warn
rootLogger.appenderRef.stdout.ref = console
```

配置完成后，就可以直接使用 Spark，不需要像 Hadoop 那样运行启动命令。通过运行 Spark 自带的实例，可以验证 Spark 是否安装成功，命令如下：

```
$ cd /usr/local/spark
$ bin/run-example SparkPi
```

执行时如果输出很多屏幕信息，难以找到最终的输出结果，为了从大量的输出信息中快速找到我们想要的结果，可以通过 grep 命令进行过滤：

```
$ bin/run-example SparkPi 2>&1 | grep "Pi is roughly"
```

上面命令涉及 Linux Shell 中关于管道的知识，读者可以查看网络资料学习管道命令的用法，这里不再赘述。过滤后的运行结果如图 2–2 所示，可以得到 π 的近似值。

图 2–2　过滤后的运行结果

三、Flink 的安装方法与步骤

Flink 运行需要 Java 环境的支持，因此在安装 Flink 之前，应先参照相关资料安装 Java 环境，如 Java8，然后到 Flink 官网下载安装包。将下载后的安装文件保存在 Linux 操作系统的 ~/Downloads 目录下，使用如下命令对安装文件进行解压缩：

```
$ cd ~/Downloads
$ sudo tar -zxvf flink-1.16.2-bin-scala_2.12.tgz -C /usr/local
```

修改目录名称，并修改软件包的用户和属组，命令如下：

```
$ cd /usr/local
$ sudo mv ./flink-1.16.2 ./flink
$ sudo chown -R hadoop:hadoop ./flink
```

Flink 对于本地模式是开箱即用的，如果要修改 Java 环境，可以修改 /usr/local/flink/conf/flink-conf.yaml 文件中的 env.java.home 参数，将其设置为本地 Java 的绝对路径。

使用如下命令添加环境变量：

```
$ vim ~/.bashrc
```

在 .bashrc 文件中添加如下内容：

```
export FLNK_HOME=/usr/local/flink
export PATH=$FLINK_HOME/bin:$PATH
```

保存并退出 .bashrc 文件，然后执行如下命令让配置文件生效：

```
$ source ~/.bashrc
```

使用如下命令启动 Flink：

```
$ cd /usr/local/flink
$ ./bin/start-cluster.sh
```

使用 jps 命令查看进程：

```
$ jps
8660 TaskManagerRunner
9333 Jps
8383 StandaloneSessionClusterEntrypoint
```

如果能够看到 TaskManagerRunner 和 StandaloneSessionClusterEntrypoint 这两个进程，就说明启动成功。

Flink 的 JobManager 同时会在 8081 端口上启动一个 Web 前端，用户可以在浏览器中输入“http://localhost:8081”来访问。

思考题

1. 如何测算一台服务器的处理能力？需要知道哪些信息才能确保测算准确？

2. 如何选择网络结构并设置网络设备？请简述理由。

3. 服务器有哪些常见故障现象？导致这些现象的原因分别是什么？

4. 硬件系统对于大数据系统的性能有哪些影响？需要如何改善？

5. 请简述 Hadoop、Flink、Spark 的核心进程。

第三章
大数据平台管理与运维

本章将介绍大数据平台管理与运维相关的核心内容，主要从大数据各个软件、组件的可视化管理界面，以及平台系统的安全维护等方面出发，围绕主要环节展开讲解。本章包括平台管理、系统运维、安全维护三个小节。

- **职业功能：** 大数据平台管理与运维。
- **工作内容：** 平台管理、系统运维、安全维护。
- **专业能力要求：** 能根据集群功能变更需求，制定组件升级及功能迁移方案；能对上线功能进行测试，评估上线可行性，制定上线计划；能对大数据平台中的各个组件使用权限进行管理；能编写脚本对集群软硬件、组件与服务、作业运行情况进行监控及管理操作；能对集群的运行性能、读写性能等指标进行调优配置；能根据故障报告排查故障原因，处理故障问题，并编写自动化运维脚本；能制定容灾计划，对异常服务进行故障转移；能根据权限管理规范，编写日志监控脚本，进行权限安全管理；能根据漏洞报告和测试报告开发相应安全补丁；能针对各类突发的外部攻击或异常事件制定应急处理方案；能对安全系统进行开发、升级和维护。

- **相关知识要求：**集群技术知识、安全访问控制知识、性能调优知识、故障排查知识、容灾管理知识、安全补丁开发知识、异常处理知识、安全工具产品知识。

第一节　平 台 管 理

不同的大数据平台拥有各自独立的平台访问和管理界面，供用户访问和使用。本节将详细介绍 HDFS、Yarn、Spark、Flink、HBase、Ambari 等软件的平台管理。

一、分布式计算平台管理

（一）HDFS 平台

随着互联网的快速发展，数据量呈现爆炸式增长，传统的单机存储方式已经无法满足大规模数据的存储和处理需求。为了应对这一挑战，分布式文件系统应运而生。HDFS 是当前最流行的分布式文件系统之一。

HDFS 主要由 NameNode、DataNode 和 Client 等部分组成，它们协同工作以实现高效的分布式文件系统。NameNode 是 HDFS 的主节点，负责管理文件系统的元数据，如文件名、目录结构等；DataNode 是 HDFS 的工作节点，负责存储和检索数据块；Client 可以通过命令行或者 API 与 HDFS 进行交互，执行各种操作，如创建文件、删除文件、读取文件等。

在配置好 Hadoop 集群之后，用户可以在浏览器中输入“http://[NameNodeIP]:50070”访问 HDFS。其中，[NameNodeIP] 表示名称节点的 IP 地址。在本地机器上完成 Hadoop 伪分布式安装后，就可以登录 http://localhost:50070 来查看文件系统信息。

通过 Web 页面，用户可以查看当前文件系统中各个节点的分布信息，浏览名称节点上的存储、登录等日志，并下载某个数据节点上的某个文件。该 Web 页面的所有功能都能通过 Hadoop 提供的 Shell 命令或者 Java API 来等价实现。例如，可以通过 Web 页面中的 Browse the filesystem 查看目录。

（二）Yarn 资源调度平台

Yarn 体系结构中包含了三个组件——ResourceManager、ApplicationMaster 和 NodeManager。Yarn 各个组件的功能见表 3–1。

表 3–1　　Yarn 各个组件的功能

组件	功能
ResourceManager	处理客户端请求 启动 / 监控 ApplicationMaster 监控 NodeManager 分配与调度资源
ApplicationMaster	为应用程序申请资源，并分配给内部任务 任务调度、监控与容错
NodeManager	实现对单个节点上的资源管理 处理来自 ResourceManger 的命令 处理来自 ApplicationMaster 的命令

二、数据处理引擎（Spark）平台管理

下面介绍如何使用 Spark 平台来管理 Spark 集群，首先介绍 Spark 管理平台的概念、架构和主要功能，然后介绍如何实现对 Spark 集群状态和性能的监控。

（一）Spark 平台

1. Spark 平台的概念和架构

Spark 是一个快速、通用的大数据处理引擎，可以在分布式环境中高效地处理大规模数据集。Spark 管理平台可以帮助用户更好地管理和监控 Spark 集群的状态和性能。

Spark 平台作为管理和监控 Spark 集群的工具，提供了一个 Web 页面，用户在此可以方便地查看和管理 Spark 集群的状态和性能。Spark 平台的架构包括以下三个组件：Spark Master（负责管理整个 Spark 集群的状态和配置）、Spark Worker（负责执行实际的数据处理任务）、Spark Web UI（提供 Web 页面，方便用户查看和管理 Spark 集群的状态和性能）。

2. Spark 平台的主要功能

Spark 平台的主要功能包括以下几个方面：启动和停止 Spark 集群；查看 Spark 集群的状态，包括节点数量、内存使用情况等；监控 Spark 集群的性能，包括 CPU 利用率、内存使用情况等；调整 Spark 集群的配置，包括内存大小、Executor 数量等。

（二）对 Spark 集群状态和性能的监控

在 Spark 集群运行过程中，用户可以通过多种方式进行状态和性能监控。通常情况下，Spark 集群运行时会产生一系列的监控指标，如内存使用情况、核心数、任务进度、数据传输速率等，这些指标可以通过 Kibana 等第三方监控工具来监控。通过命令行工具也可以实现对状态和性能的监控，如 spark-submit、spark-status、spark-env 等命令可以用于提交任务、查看任务状态、设置环境变量等操作。

与常规工具软件一样，Spark 集群运行过程中也会产生日志信息，通过分析这些日志，可以了解 Spark 集群的运行状况、异常情况等。同样也可以通过 Logstash、Elasticsearch 等日志分析工具，对日志进行收集、搜索与分析，实现更快捷、直观的集群监控。

在企业实际生产过程中，工程师通常会阶段性地对集群进行性能测试或压力测试，通过大量提交任务等方式评估和验证集群的计算能力和承载能力。通过对比测试结果，可以了解集群的性能变化，从而发现潜在的问题。同时，也会建立报警机制，对集群性能异常、资源饱和、应用失败等情况提供实时报警服务。

用户可以通过多种方式和工具实现对 Spark 集群的监控和管理，确保集群高效、稳定地运行。此外，Spark 提供了一个基于 Web 页面的用户界面，即可以查看集群状态、资源使用情况、应用进度等信息的管理平台 Apache Spark Web UI。该平台提供了丰富的性能和状态信息，主要包括以下方面。

（1）在 Web UI 的主页面中，用户可以查看集群的概述信息，如已用内存、已分配核心数、已分配内存、已完成任务数、运行中的任务等。

（2）在应用页面中，展示了运行在集群上的所有应用程序的详细信息，如应用名称、提交时间、运行状态、已用内存、已完成任务数等。用户可以根据这些信息监控应用程序的运行状况。

（3）在堆栈页面中，提供了 Spark 集群中各个组件的堆栈信息，包括 JVM 内存、CPU 使用情况等。通过监控堆栈信息，用户可以发现潜在的性能问题和组件之间的通信问题。

（4）在环境页面中，展示了 Spark 集群的配置信息，如 Spark 版本、执行器数量、内存管理等。用户可以在此页面查看和调整配置参数，以优化集群性能。

（5）在集群状态页面中，提供了 Spark 集群中各个节点的详细信息，如节点名称、角色、状态、内存使用情况等。通过监控节点状态，用户可以确保集群的正常运行。

（6）在任务页面中，展示了所有任务的详细信息，如任务名称、提交时间、完成进度、持续时间等。用户可以根据任务信息，监控集群的负载和任务执行情况。

（7）在存储页面中，展示了 Spark 集群中持久化 RDD（Resilient Distributed Datasets，弹性分布式数据集）的存储情况，如存储位置、容量使用情况等。用户可以监控 RDD 的存储情况，以确保数据处理的稳定性和高效性。

通过以上途径，用户可以全面监控 Spark 集群的性能和状态，发现并解决潜在的问题，以确保集群的高效运行。当然，随着技术的不断更新和发展，会有更多新的工具、方法实现对集群性能和状态的监控，用户可以根据业务需要来选择和使用。

三、Flink 平台管理

本部分将介绍如何使用 Flink 平台来管理 Flink 集群。首先，介绍 Flink 平台的基本概念和架构。然后，介绍 Flink 平台功能模块，以及如何使用 Flink 平台来监控 Flink 集群的状态和性能。

（一）Flink 平台概述

1. Flink 平台的概念

Flink 是一个快速、通用的大数据处理引擎。它可以在分布式环境中高效地处理大规模数据集。Flink 管理平台可以帮助用户更好地管理和监控 Flink 集群的状态和性能。

Flink 平台作为管理和监控 Flink 集群的工具，提供了一个 Web 页面，用户在此可以方便地查看和管理 Flink 集群的状态和性能。Flink 平台的架构包括以下三个组件：Flink Master（负责管理整个 Flink 集群的状态和配置）、Flink Workers（负责执行实际的数据处理任务）、Flink Web UI（提供 Web 页面，方便用户查看和管理 Flink 集群的状态和性能）。

2. Flink Web 端平台的主要功能

Flink Web 端平台的主要功能包括以下几个方面：启动和停止 Flink 集群；查看 Flink 集群的状态，包括节点数量、内存使用情况等；可以使用 Flink Web 端来监控 Flink 集群的性能，包括 CPU 利用率、内存使用情况等；调整 Flink 集群的配置，动态调整 Flink 集群的性能，包括内存大小、执行器数量等。

（二）Flink 平台功能模块

Flink 平台提供了丰富的功能模块，每个模块都致力于满足不同的数据处理需求。以下是 Flink 平台的主要功能模块及其核心功能。

1. Overview 模块

该模块主要包括任务槽查看、作业运行管理和作业状态跟踪，具体如下。

（1）任务槽查看。用户可以在此查看当前可用的任务槽数量，了解系统的资源使用情况。

（2）作业运行管理。用户可以在此查看正在运行和已完成的作业列表，对作业进行管理。

（3）作业状态跟踪。用户可以在此查看作业的详细状态，包括创建、运行、完成、取消、失败、重新启动等，以便及时发现问题并进行处理。

2. Jobs 模块

该模块主要包括作业运行状态和作业状态机，具体如下。

（1）作业运行状态。用户可以在此查看作业的运行状态，包括正在运行和已完成的作业。

（2）作业状态机。用户可以在此深入了解 Flink 作业的状态转换机制，包括从创建到完成、取消或失败的整个过程。这对于诊断问题、优化性能和确保作业的稳定性至关重要。

3. TaskManager 模块

TaskManager（以下简称 TM）是 Flink 中的工作进程，它是 Flink 计算的基本单元。在 Flink 中通常会有多个 TM 运行，每个 TM 都包含了一定数量的插槽（Slots）。插槽的数量限制了 TM 能够执行的任务数量。每个 TM 都是一个 JVM 进程，而每个插槽则是一个线程。

当启动一个 TM 时，TM 会向 ResourceManager 反向注册它的插槽；在后续的任务调度中，收到 ResourceManager 的指令后就会提供插槽给 JobManager。JobManager 就可以向插槽分配任务来执行。在执行数据流中的任务时，TM 将会缓存和交换数据(如 shuffle)。

4. JobManager 模块

JobManager 是 Flink 作业的主进程，负责协调分布式计算、任务调度、检查点和故障恢复，由以下组件构成。

（1）ResourceManager。ResourceManager 负责 Flink 集群中的资源管理，包括资源的申请、释放和分配。在高可用性（HA）设置中，它还负责选择主作业管理器（Leader JobManager）。它管理着任务插槽，这是 Flink 集群中资源调度的基本单位。Flink 为不同的环境和资源提供商（如 Yarn、Mesos、Kubernetes 和 Standalone 部署）实现了相应的 ResourceManager。

（2）Dispatcher。Dispatcher 提供了一个 REST 接口（包括 GET、PUT、DELETE、POST 等），用于提交 Flink 应用程序并启动新作业的 JobMaster。它还运行 Flink WebUI，方便用户查看和监控作业执行的信息。Dispatcher 在架构中可能并不是必需的，这取决于应用程序的提交和执行方式。

（3）JobMaster。JobMaster 负责单个 JobGraph 的执行管理。它接收任务，并启动 JobManagerRunner（封装了 JobMaster）。在一个 Flink 集群中可以同时运行多个作业，每个作业都由自己的 JobMaster 进行管理。

5. Submit New Job 模块

在 Submit New Job 模块中，用户可以通过 Add New 按钮上传 JAR 包，从而提交一个新的作业。一旦提交成功，Flink 将自动进行必要的配置和资源分配，并启动相应的作业执行流程。用户可以在该模块中查看作业的状态、日志等信息，以便进行监控和管理。

四、HBase 平台管理

下面将介绍如何使用 HBase 的管理平台来启动、停止、监控和管理 HBase 集群，首先介绍 HBase 平台的概念和主要功能，然后介绍 HBase 平台的功能模块。

（一）HBase 平台管理概述

1. HBase 平台的概念

HBase 是一个基于 Google Bigtable 设计的分布式、可扩展的大数据存储系统，提供了高可靠性和高可用性的高性能存储服务。HBase 平台是管理和监控 HBase 集群的重要工具，通过 Web 页面，用户可以轻松查看和管理集群状态和性能。

HBase 平台主要包括以下组件。

（1）HMaster：负责管理整个 HBase 集群的状态和配置。

（2）RegionServer：负责处理客户端请求，并管理数据 Region（数据存储单元）。

（3）HBase Web UI：提供 Web 页面，方便用户查看和管理集群状态和性能。

2. HBase 平台的主要功能

HBase 平台的主要功能包括以下几个方面。

（1）启动和停止 HBase 集群。用户可以使用 HBase 平台来启动和停止 HBase 集群。

（2）查看 HBase 集群状态。用户可以使用 HBase 平台来查看 HBase 集群的实时状态，包括节点数量、内存使用情况等。

（3）监控 HBase 集群性能。用户可以使用 HBase 平台来监控 HBase 集群的性能，包括 CPU 利用率、内存使用情况等。

（4）调整 HBase 集群配置。用户可以使用 HBase 平台来调整 HBase 集群的配置，包括调整内存大小和 Region 数量等。

（二）HBase 平台的功能模块

HBase 平台在管理和监控 HBase 集群方面具有丰富的功能模块，包括 Home（管理界面）、Table Details（表详情）、Procedures（生产）、Local Logs（本地日志）、

Log Level（日志级别）、Debug Dump（调试）、Metrics Dump（存储统计）、HBase Configuration（HBase 配置）等。下面重点介绍 Home、Table Details、Procedures 三大主要功能模块。

1. Home 模块

Home 模块作为 HBase 平台的管理界面，为用户提供了集群的概览视图。该界面主要包括 RSGroup、Region Servers 和 Table 三个部分。

（1）RSGroup。RSGroup 即 HBase 集群的 Region Servers 集合，提供了集群的全面概览，具体如下。

Base Stats：提供了基本信息，包括总 Region 数、表数、请求个数以及负载压力等。

Memory：详细展示了内存使用情况，包括总的堆内存和堆内存的使用情况。

Requests：提供了读写请求的总数。

Storefiles：列出了所有 Store 的信息，包括 Store 的个数（每个列簇对应一个 Store），以及 Storefile 的个数。

Compactions：关注压缩操作。

（2）Region Servers。Region Servers 包含信息如下。

Base Stats：列出了每个 Region Servers 的基本信息，包括请求数、Region 个数和版本等。

Memory：详述了内存使用的细节。

Requests：提供了读写请求的统计数据。

Storefiles：提供了 Store 和 StoreFile 的具体信息。

Compactions：关注压缩操作。

Replications：指的是数据的持续复制和存储，是存储系统中的重要概念。它可以指数据库中主库和从库的复制，也可以指分布式集群中多个集群之间的复制，甚至可以指分布式系统中多个副本之间的复制。

（3）Table。Table 提供了关于表、系统表和快照的信息。

2. Table Details 模块

Table Details 模块允许用户查看表的详细信息，包括 Region 的分布情况。

3. Procedures 模块

Procedures 模块记录了所有的 WAL（Write Ahead Log）日志。

五、Ambari 大数据平台管理

（一）Ambari 概述

Ambari 是一种基于 Web 的工具，支持 Hadoop 集群的供应、管理和监控。Ambari 已支持大多数 Hadoop 组件，包括 HDFS、MapReduce、Hive、Pig、Hbase、Zookeeper、Sqoop 和 Hcatalog 等。

Ambari 与 Hadoop 等开源软件一样，也是 Apache 软件基金会的一个项目，并且是顶级项目。Ambari 的作用就是创建、管理、监视 Hadoop 集群。这里的 Hadoop 是广义的，指的是 Hadoop 整个生态圈，如 Hive、Hbase、Sqoop、Zookeeper 等，并不仅特指 Hadoop。简而言之，Ambari 就是为了让 Hadoop 及相关的大数据软件更容易使用的一个工具，其系统功能如下：

（1）配置 Hadoop 集群。Ambari 提供了一个分步向导，用于在任意数量的主机上安装 Hadoop 服务，为集群处理 Hadoop 服务的配置。

（2）管理 Hadoop 集群。Ambari 为在整个集群中启动、停止和重新配置 Hadoop 服务提供集中管理。

（3）监控 Hadoop 集群。Ambari 提供了一个仪表板来监控 Hadoop 集群的运行状态，利用 Ambari Metrics System 进行指标收集，利用 Ambari Alert Framework 进行系统警报，如节点出现故障、剩余磁盘空间不足等情况。

Ambari 通过一步一步的安装向导简化了集群供应；预先配置好关键的运维指标（Metrics），可以直接查看 Hadoop Core（HDFS 和 MapReduce）及相关项目（如 HBase、Hive 和 HCatalog）是否健康；支持作业与任务执行的可视化与分析，能够更好地查看依赖和性能；通过一个完整的 RESTful API 把监控信息暴露出来，集成了现有的运维工具；用户界面非常直观，用户可以轻松有效地查看信息并控制集群。

Ambari 使用 Ganglia 收集度量指标，用 Nagios 支持系统报警，当需要引起管理员的关注时，如节点停机或磁盘剩余空间不足时，系统将向其发送邮件。

此外，Ambari 能够安装安全的 Hadoop 集群，以此实现对 Hadoop 安全的支持，提供了基于角色的用户认证、授权和审计功能，并为用户管理集成了 LDAP（Lightweight Directory Access Protocol, 轻量级目录访问协议）和活动目录（Active Directory）。

（二）Ambari 架构

Ambari 架构采用的是 Server/Client 的模式，主要组件及其功能如下。

（1）Ambari-agent。该组件依赖于 ruby、puppet、fecter 等工具，主要负责监控任务。该组件集成了 nagios 和 ganglia 等监控工具，能够实时监控集群的运行状态，并确保集群的稳定运行。

（2）Ambari-server。该组件依赖于 Python，主要负责管理集群的配置、部署和升级等任务。该组件通过与 Ambari-agent 的交互，能够集中式地管理分布式集群的安装、配置和部署。

（3）Ambari-web。该组件是一个用户界面组件，允许用户与 Ambari-server 进行交互。通过 Ambari-web，用户可以方便地查看集群的状态、配置，管理集群的各种任务。

（4）Puppet。该组件是一个分布式集群配置管理工具，采用 Server/Client 模式，能够集中式地管理分布式集群的安装、配置和部署。该组件主要使用 Ruby 进行开发，确保其稳定性和高效性。

（5）Facter。该组件是一个用 Python 编写的节点资源采集库，主要用于采集节点的系统信息，如操作系统信息等。由于 Ambari-agent 主要使用 Python 编写，因此使用 Facter 可以很好地采集节点信息，为集群的管理和监控提供有力的支持。

第二节 系统运维

系统运维与系统维护在某种程度上是相似的，但运维的关注点更多地放在如何保障系统的稳定运行，它具有运行与维护的双重职责。本节面向系统运维人员、开发人员介绍大数据平台的运维。提升系统运维能力不仅有助于保障大数据平台的稳定性，还有助于提高调度作业的效率，帮助我们更好地排查、分析各种异常问题，包括平台、组件及调度作业等各个方面。

本节主要从常见运维命令、系统安装包管理工具、资源监控工具、常见作业异常日志排查方法等方面来介绍系统运维。

一、常见运维命令

（一）关机和重启

（1）shutdown 命令：用于安全关闭 Linux 操作系统，其参数包括 [–t]（指定关闭时间）、[–r]（重启系统）、[–k]（发送警告信号而非真正关机）及 [–h]（关闭系统）。

（2）halt 命令：用于关机，实际上是调用 shutdown –h 命令。

（3）init 命令：所有进程的起点，其进程号始终为 1。init 0 命令用于立即关机；init 6 命令用于重新启动。

（4）reboot 命令：用于重新启动系统，作用与 halt 命令类似。

需要注意的是，以上这些命令需要由 root 用户或者具有相应权限的用户执行。

（二）帮助命令

Linux 操作系统中的帮助命令主要包括 man 和 --help 选项，具体如下。

（1）man 命令：用于查看指定命令的详细帮助文档。例如，输入“man ls”可以查看 ls 命令的帮助文档。此外，man 命令还支持一些选项，如 man -f 命令用于查看命令所属帮助文档的简短描述。

（2）--help 选项：用于快速显示简短帮助信息，大多数 Linux 操作系统命令都支持 --help 选项。例如，输入“ls --help”可以显示 ls 命令的帮助信息。

此外，Linux 操作系统中还有一些其他帮助命令，如 whatis 和 apropos。其中，whatis 命令用于查询指定命令的简要描述，而 apropos 命令用于在 man 数据库中查找指定的字符串。

需要注意的是，以上命令均需要在终端中输入完整的命令名称或者选项才能显示相应的帮助信息。

（三）目录与文件操作命令

Linux 操作系统中常用的文件操作命令包括以下九种。

（1）touch 命令：用于创建一个新文件或者更新文件的访问时间和修改时间。例如，touch myfile 可创建一个名为 myfile 的新文件。

（2）ls 命令：用于列出指定目录下的所有文件和子目录。例如，ls 可列出当前目录下的所有文件和子目录。

（3）cd 命令：用于切换当前工作目录。例如，cd mydir 可进入名为 mydir 的目录中。

（4）pwd 命令：用于显示当前的工作目录。

（5）mkdir 命令：用于创建一个新的目录。例如，mkdir mydir 可创建名为 mydir 的新目录。

（6）rmdir 命令：用于删除一个空目录。例如，rmdir mydir 可删除名为 mydir 的空目录。

（7）cp 命令：用于复制文件或者目录。例如，cp file1 file2 可将 file1 复制为 file2。

（8）mv 命令：用于移动文件或者重命名文件。例如，mv file1 mydir 可将 file1 移动到 mydir 目录中。

（9）rm 命令：用于删除文件或者目录。例如，rm myfile 可删除名为 myfile 的文件。

（四）压缩文与解压缩命令

Linux 操作系统中常用的压缩文件格式包括 gzip 和 bzip2。

1. gzip 格式文件命令及用法

（1）gzip filename：用于将名为 filename 的文件进行压缩，生成一个以 .gz 为扩展名的压缩文件。

（2）gzip –d filename.gz：用于将名为 filename.gz 的文件进行解压缩。

（3）gzip –r directory：用于递归地压缩指定目录中的所有文件，生成以 .gz 为扩展名的压缩文件。

2. bzip2 格式文件命令及用法

（1）bzip2 filename：用于将名为 filename 的文件进行压缩，生成一个以 .bz2 为扩展名的压缩文件。

（2）bzip2 –d filename.bz2：用于将名为 filename.bz2 的文件进行解压缩。

（3）bzip2 –r directory：用于递归地压缩指定目录中的所有文件，生成以 .bz2 为扩展名的压缩文件。

（五）查找命令

Linux 操作系统中常用的查找命令包括以下五种。

（1）find 命令：用于在指定目录下查找文件或者目录。例如，find / –name myfile 可查找根目录下所有名为 myfile 的文件或目录。

（2）locate 命令：用于在整个文件系统中查找指定的文件或者目录。例如，locate myfile 可查找整个文件系统中所有名为 myfile 的文件或目录。

（3）grep 命令：用于在指定文件中查找指定的文本。例如，grep mytext file1 file2 可在 file1 和 file2 中查找包含 mytext 的文本行。

（4）which 命令：用于查找指定命令的可执行文件路径。例如，which ls 可显示 ls 命令的可执行文件路径。

（5）whereis 命令：用于查找指定命令的可执行文件路径及相关的文档路径。例如，whereis ls 可显示 ls 命令的可执行文件路径及相关的文档路径。

二、系统安装包管理工具

Linux 操作系统安装包管理工具是用于管理 Linux 操作系统中软件包的一种工具，用它可以方便地安装、卸载、升级和查询软件包。

这些工具都有其特点和使用场景，我们可以根据不同的需求和习惯选择适合自己的工具进行使用。在使用这些工具时，需要注意以下六点。

（1）选择合适的软件源。不同的 Linux 操作系统发行版有不同的软件源，需要选择合适的软件源进行下载和安装。

（2）更新软件源信息。在使用安装包管理工具之前，需要先更新软件源信息，以便获取最新的软件包版本和更新信息。

（3）安装依赖关系。在安装软件包时，需要注意安装依赖关系，以确保所需的库和工具已经安装。

（4）验证软件包签名。在使用 rpm 和 dpkg 等工具安装软件包时，可以验证软件包的签名，以确保软件包的安全性。

（5）备份和恢复。在使用安装包管理工具进行软件包安装和卸载时，需要注意备份和恢复数据，以避免数据丢失。

（6）维护系统稳定性。在使用安装包管理工具进行软件包升级和卸载时，需要注意维护系统的稳定性和安全性，避免出现不必要的问题。

总之，使用 Linux 操作系统安装包管理工具，需要有一定的 Linux 操作系统知识和经验，需要了解软件包管理的基本概念和操作方法，同时需要遵循一定的操作规范和安全原则，以确保系统的稳定性和安全性。

常见的 Linux 操作系统安装包管理工具包括 dpkg、apt、rpm、yum、dnf。

（一）dpkg

dpkg 作为 Debian 系列 Linux 操作系统发行版的默认安装包管理工具，具有简单易用、灵活性高等优点，但也存在界面单一、依赖关系处理较弱等缺点。用户在使用时，需要根据实际情况进行选择和操作。

dpkg 本身是一个可执行文件，通常在 Debian 系列的 Linux 操作系统发行版中已经默认安装好了。如果需要重新安装 dpkg，可以使用 sudo apt-get install dpkg 命令从软件源下载并安装。

dpkg 可以通过命令行进行操作，以下是一些常用的 dpkg 命令及其用法。

（1）dpkg -i：安装软件包。

（2）dpkg -r：卸载软件包。

（3）dpkg -l：查询软件包信息。

（4）dpkg -L：查询软件包安装的目录结构。

（5）dpkg -s：查询软件包状态。

（6）dpkg --configure：配置软件包状态。

例如，可以使用 sudo dpkg -i nginx_x.x.x-xx_all.deb 命令，安装一个名为 nginx_x.x.x-xx_all.deb 的软件包文件。

（二）apt

apt 是 Advanced Package Tool 的缩写，是 Debian 系列 Linux 操作系统发行版的软件包管理工具。apt 具有较为丰富的功能，包括软件包的安装、升级、卸载、查询等，还支持软件包的自动下载安装和依赖关系自动解决等功能。apt 使用命令行操作，使用起来比较方便。但也存在界面单一、安装速度较慢等缺点。在实际操作过程中，我们应该基于当前的环境和需求来选择合适的操作步骤，同时需要注意保护系统的安全性和网络连接的稳定性，保证系统的可靠性。

apt 并非在所有系统中预装，如果需要安装，可以按照以下步骤进行：打开终端，切换到 root 用户，或者使用 sudo 命令获取管理员权限，使用 sudo apt-get install apt 命令从软件源下载并安装 apt 工具。

apt 是一个基于命令行的工具，以下是一些常用的 apt 命令及其用法。

（1）apt-get update：更新软件源信息。

（2）apt-get install：安装软件包。

（3）apt-get remove：卸载软件包。

（4）apt-cache search：查询软件包信息。

例如，可以使用 sudo apt-get install nginx 命令从软件源下载并安装 nginx 软件包。

（三）rpm

rpm 是 Red Hat 系列 Linux 操作系统发行版的默认安装包管理工具，可以安装、升级、卸载和查询软件包信息等。rpm 使用命令行操作，具有较丰富的功能，包括支持软件包的签名验证、依赖关系自动解决等，也存在命令行操作不太方便、安装速度较慢等缺点。我们在使用时需要根据实际情况进行选择和操作，同时需要注意安全性和网络连接情况，以确保系统稳定性和安全性。

rpm 通常不是默认安装的，如果需要重新安装，可以通过以下方式进行安装：打开终端，切换到 root 用户，或者使用 sudo 命令获取管理员权限，使用 sudo apt-get install rpm 命令从软件源下载并安装 rpm 工具。

rpm 是一个基于命令行的工具，以下是一些常用的 rpm 命令及其用法。

（1）rpm -i：安装软件包。

（2）rpm -e：卸载软件包。

（3）rpm -q：查询软件包信息。

（4）rpm -U：升级软件包。

（5）rpm -y：安装软件包并确认依赖关系。

例如，可以使用 sudo rpm -i nginx-x.x.x-xx.x86_64.rpm 命令安装一个名为 nginx-x.x.x-xx.x86_64.rpm 的软件包文件。

（四）yum

yum 是 Red Hat 系列 Linux 操作系统发行版的软件包管理工具。yum 具有较丰富的功能，包括软件包的安装、升级、卸载、查询等，支持自动下载软件包并自动解决软件包的依赖关系。yum 使用命令行操作。

yum 通常不是默认安装的，如果需要重新安装，可以通过以下方式进行安装：打开终端，切换到 root 用户，或者使用 sudo 命令获取管理员权限，使用 sudo apt-get install yum 命令从软件源下载并安装 yum 工具。

yum 是一个基于命令行的工具，以下是一些常用的 yum 命令及其用法。

（1）yum install：安装软件包。例如，可以使用 sudo yum install nginx 命令从软件源下载并安装 nginx 软件包。

（2）yum remove：卸载软件包。例如，可以使用 sudo yum remove nginx 命令卸载 nginx 软件包并解决依赖关系。需要注意的是，在卸载软件包时，yum 会自动保留某些必要的依赖关系，避免出现冲突或错误。

（3）yum search：查询软件包信息。例如，可以使用 sudo yum search nginx 命令查询 nginx 软件包的信息，包括名称、版本号、描述等。需要注意的是，在查询软件包信息时，yum 会自动忽略某些不匹配的软件包，避免出现错误或混淆。

（4）yum update：升级软件包。例如，可以使用 sudo yum update nginx 命令将 nginx 软件包升级到最新版本。需要注意的是，在升级软件包时，yum 会自动保留某些必要的依赖关系，避免出现冲突或错误。

（五）dnf

dnf 是 Dandified YUM 的缩写，是 Fedora Linux 操作系统的软件包管理工具。dnf 具有较丰富的功能，包括软件包的安装、升级、卸载、查询等，支持软件包的自动下载安装和依赖关系自动解决等。dnf 使用命令行操作。

dnf 通常不是默认安装的，如果需要重新安装，可以通过以下方式进行安装：打开终端，切换到 root 用户，或者使用 sudo 命令获取管理员权限，使用 sudo apt-get install dnf 命令从软件源下载并安装 dnf 工具。

dnf 是一个基于命令行的工具，以下是一些常用的 dnf 命令及其用法。

（1）dnf install：安装软件包。例如，可以使用 sudo dnf install nginx 命令从软件源下载并安装 nginx 软件包。

（2）dnf remove：卸载软件包。例如，可以使用 sudo dnf remove nginx 命令卸载 nginx 软件包并解决依赖关系。需要注意的是，在卸载软件包时，dnf 会自动保留某些必要的依赖关系，避免出现冲突或错误。

（3）dnf search：查询软件包信息。例如，可以使用 sudo dnf search nginx 命令查询 nginx 软件包的信息，包括名称、版本号、描述等。需要注意的是，在查询软件包信息时，dnf 会自动忽略某些不匹配的软件包，避免出现错误或混淆，而且版本不同会导致结果不同。

（4）dnf update：升级软件包。例如，可以使用 sudo dnf update nginx 命令将 nginx

软件包升级到最新版本。需要注意的是，在升级软件包时，dnf 会自动保留某些必要的依赖关系，避免出现冲突或错误。

（5）dnf clean：清除缓存文件。例如，可以使用 sudo dnf clean all 命令清除所有缓存的文件。用户还可以指定要清除的缓存类型，如 sudo dnf clean headers。

三、资源监控工具

资源监控工具是用于监视和管理 Linux 操作系统资源的工具，可以帮助用户了解系统的运行状况和性能。以下是四种常见的 Linux 操作系统资源监控工具。

（一）进程管理工具（ps）

ps 是 Process Status 的缩写，是用于监视 Linux 操作系统进程的工具。它可以列出当前正在运行的进程，并提供有关进程的详细信息，如进程 ID（PID）、CPU 使用率、内存使用情况等，同时支持根据不同的选项对进程进行过滤和排序。在大多数 Linux 操作系统发行版中，ps 工具已经默认安装在系统中。要使用 ps 工具，可以使用 ps aux 命令。

（二）系统资源监控工具（top）

top 是用于实时监控 Linux 操作系统资源使用情况的工具。它可以提供实时的系统信息，包括 CPU 使用率、内存使用情况、负载情况等。同时，top 工具使用交互式界面，易于使用和理解，可以根据不同的选项对系统信息进行过滤和排序。在大多数 Linux 操作系统发行版中，top 已经默认安装在系统中，要使用 top 工具，可以使用 top 命令。该命令将显示实时的系统信息，包括 CPU 使用率、内存使用情况、负载情况等，可以使用 top 命令的交互式界面进行排序和过滤。

（三）系统内存监控工具（free）

free 是用于监控 Linux 操作系统内存使用情况的工具。它可以提供系统的内存使用情况，包括空闲内存、已用内存、缓存等。在大多数 Linux 操作系统发行版中，free 工具已经默认安装在系统中。要使用 free 工具，可以使用 free –m 命令。该命令将显示系统的内存使用情况，以 MB 为单位表示，可以通过选项 –h 来以更易读的格式显示内存使用情况，还可以通过选项 –t 来显示总内存使用情况。

（四）定时监控（watch）

watch 是用于定时监控 Linux 操作系统资源使用的工具。它可以定期执行指定命令并显示执行结果，还可以与其他命令和脚本结合使用，实现自动化监控和管理系统资源的功能。通过 watch 工具，我们可以方便地监视系统资源的使用情况，如 CPU 使用率、内存使用情况等。在大多数 Linux 操作系统发行版中，watch 工具已经默认安装在系统中。要使用 watch 工具，可以使用 watch –n 秒数 command 命令。其中，–n 秒数为指定执行命令的时间间隔（以秒为单位），command 为要执行的命令或脚本。例如，要每 5 秒执行一次 top 命令并显示结果，可以使用 watch –n 5 top 命令。该命令将每 5 秒执行一次 top 命令，并显示实时的系统信息，如 CPU 使用率、内存使用情况等。

四、常见作业异常日志排查方法

（一）日志量监测

服务运行异常往往会产生大量错误日志，导致日志量增长显著。通过对每日日志量进行监测，可分析出运行异常、服务波动现象。

采用日志收集系统，如 elk 技术栈，可统计或通过 kibana 图表分析、监测每日日志量。如发现日志量陡增或陡降，可触发警告通知进行进一步分析。如未收集日志，可人工进行巡检，查看日志文件大小与数量，观察日志量变化。

（二）异常关键词监测

日志中出现异常信息，预示服务运行过程中出现故障，用户可对日志中异常关键词进行监测，及时发现异常。

采用日志收集系统，如 elk 技术栈，可对异常关键词进行定期查询，并接驳报警系统。可引入词频分析系统，对所收集日志进行流式实时分析，获得异常关键词种类、出现次数，更为直观地反映服务运行状况、异常次数与种类。

（三）日志聚类分析

服务日志往往是正常运行日志夹杂着异常日志。当日志量大时，人工检索关键词或翻页进行巡检，将非常低效且极易遗漏关键错误信息，此时可借助日志聚类分析快速了解日志内容与组成情况，从而大幅提高巡检效率，避免遗漏错误信息。

日志聚类分析结果类似如下：

```
[ERROR]xxxxx error      10%
[INFO]xxxxxxx           35%
XxxException            17%
at xxx.xxx.xxx.xxx()Lxxx
at xxx.xxx.xxx.xxx()Lxxx
at xxx.xxx.xxx.xxx()Lxxx
at xxx.xxx.xxx.xxx()Lxxx
```

日志聚类分析可通过对日志采集技术加装分析插件，或引入日志分析流处理服务，来进行格式化模糊匹配与聚类。

第三节　安全维护

信息安全是大数据管理中不可缺少的组件，大数据中的信息安全管理聚焦于保护信息资产，包括机密性、完整性和可用性三个方面。特别是在法律遵从性较为严格的行业，如金融、医疗、电力行业，信息安全管理已经建立了相应的行业标准。随着《中华人民共和国个人信息保护法》于 2021 年 11 月 1 日正式施行，我国在信息安全保护方面已经建立了较为完整的法律法规体系，主要包括：《中华人民共和国个人信息保护法》《中华人民共和国网络安全法》《中华人民共和国数据安全法》《中华人民共和国密码法》《互联网信息服务管理办法》《计算机信息网络国际联网安全保护管理办法》

《中华人民共和国计算机信息系统安全保护条例》《计算机信息系统国际联网保密管理规定》。

从全生命周期来看，大数据安全管理的主要过程仍然是通过识别、验证、授权、访问和审计，进行科学有效的大数据安全维护，维持大数据安全水平，使其满足国家法律法规和行业标准要求。这是关系到项目实施、产品交付、组织业务连续性管理的关键工作。

本节将首先介绍分布式计算平台安全模式，然后介绍大数据权限安全管理。

一、分布式计算平台安全模式

（一）安全模式简介

Hadoop 是一个分布式计算框架，用于处理大规模数据集并生成分析结果。在 Hadoop 中，安全模式是一种特殊的运行模式，旨在提供更高的安全性和权限控制，保护集群资源和数据。Hadoop 的安全模式通过身份验证和授权机制，来确保只有经过授权的用户才能访问集群资源，防止未经授权访问和数据泄露。

在 Hadoop 安全模式下，节点之间的通信会经过身份验证和授权。当一个节点需要与另一个节点通信时，会通过安全通道进行，以确保只有经过授权的节点可以访问资源。这可以防止未经授权的用户通过伪装成合法节点来访问集群资源。

除了节点之间的通信，Hadoop 安全模式还涉及用户身份验证和授权。在进入安全模式后，用户需要使用经过身份验证的账户进行登录。用户账户可以通过用户名和密码进行身份验证，也可以使用其他已经过身份验证的用户凭据，如 Kerberos 票据。

（二）安全模式的进入和离开

对于 Hadoop 而言，进入安全模式需要执行以下步骤。

（1）配置 Hadoop 集群的安全设置。这包括配置 Hadoop 集群的身份验证和授权机制，如设置用户身份验证方法、配置访问控制列表（Access Control List，ACL）等。

（2）启动 Hadoop 集群。启动 Hadoop 集群时，需要使用安全模式。在启动脚本中，需要指定 -security 选项来启用安全模式。

（3）登录集群。在进入安全模式后，用户需要使用经过身份验证的用户凭据登录

Hadoop 集群，可以使用 Hadoop 集群的用户账户，也可以使用其他经过身份验证的用户账户。

安全模式的离开过程与进入过程类似，需要执行以下步骤。

（1）关闭 Hadoop 集群。使用 Hadoop 集群的用户账户，或者经过身份验证的其他用户账户，关闭 Hadoop 集群。

（2）取消安全模式。在关闭集群后，需要取消安全模式。在启动脚本中，不再指定 -security 选项，即可取消安全模式。

需要注意的是，在进入和离开安全模式的过程中，需要确保用户账户的身份验证和授权是正确的，否则可能会出现无法访问或错误访问集群资源的情况。此外，在安全模式下，需要更加谨慎地管理和维护用户账户和访问权限，以确保集群的安全性和稳定性。

二、大数据权限安全管理

（一）身份验证与访问控制

身份验证与访问控制是大数据权限安全管理的基础。通过对网络设备、主机系统、数据库系统、业务应用系统等实施身份验证与访问控制，可以确保只有经过授权的用户才能访问相应的资源。

（二）可信验证机制

可信验证机制是确保大数据系统安全性的核心。首先，通过实施强密码策略、多因素身份验证（MFA）等机制来严格验证用户身份，确保只有经过验证的用户才能访问系统。其次，利用哈希函数、数字签名等技术对数据完整性进行验证，定期检查数据是否被篡改或损坏。同时，定义明确的 ACL，指定不同用户或角色对资源的访问权限，并确保 ACL 与权限设置的一致性。为了进一步保障数据安全，在数据传输和存储过程中广泛应用加密技术、如 TLS/SSL（传输层安全协议 / 安全套接字层）和 AES（高级加密标准）等。此外，记录所有与数据访问和修改相关的活动，并使用安全信息和事件管理（SIEM）工具进行监控和分析，以确保系统的安全性。最后，通过建立从数据源到数据消费者的信任链，利用区块链等分布式账本技术增强信任链的透明度和不可篡改性，在需要时引入第三方验证机构，以确保数据的真实性和可信度。这一系列措施共同构成了强大的可信验证机制，为大数据系统的安全稳定运行提供了坚实保障。

（三）安全区域边界防护设计

根据网络和通信安全相关标准，结合对安全区域边界访问控制、包过滤、安全审计、完整性保护等要求，进行安全区域边界防护设计。主要通过网络架构设计、安全区域划分，实施基于地址、协议、服务端口的访问控制策略。通过多种安全机制，如安全准入控制、终端安全管理、流量均衡控制、抗 DDoS 攻击、恶意代码防护、入侵监测 / 入侵防御、APT 攻击检测防护、无线安全管理及安全审计管理等，实现区域边界的综合安全防护。

（四）安全计算环境防护设计

依据设备与计算安全、应用以及数据安全等相关标准，结合安全计算环境对用户身份鉴别、自主与标记访问控制、系统安全审计、恶意代码防护等要求，进行安全计算环境防护设计。安全计算环境防护设计主要通过身份鉴别与权限管理、安全通信传输、主机安全加固、终端安全基线、入侵监测 / 入侵防御、漏洞扫描、Web 应用攻击防护、网络管理监控、安全配置核查、安全审计以及重要节点设备冗余备份等机制来实现。

（五）数据安全

（1）数据备份。通过可计划性备份、自动化操作和历史记录保存或日志记录，结合定时自动备份和人工远程备份，确保数据的安全性。

（2）双机容错。双机容错技术旨在保证系统数据和服务的连续性。当某一系统发生故障时，仍能继续向网络系统提供数据和服务，以维持服务的连续性，并避免数据丢失。

（3）数据迁移。通过在线存储设备和离线存储设备的协同工作，根据数据的访问频率进行动态管理。高频访问的数据被存储在高性能的在线存储中，而低频访问的数据则被存储在成本较低的离线存储中。

（六）安全管理

安全管理是确保大数据系统安全的关键环节，主要是实现系统的统一身份管理、统一授权管理，并配置一致的安全策略。安全管理涉及对安全事件的监测与分析，以及对相关安全事项的集中分析和管理。

为了加强安全管理，可在运维管理域中部署运维审计系统，建立统一运维的安全管理入口。运维审计系统应部署在管理平面，实现与业务数据的隔离。运维审计系统主要实现如下功能。

（1）集中账号管理。建立基于唯一身份标识的全局实名制管理，支持统一账号管理策略，实现与各服务器、网络设备等无缝连接。

（2）集中访问控制。通过集中访问控制和细粒度的命令级授权策略，基于最小权限原则，实现集中有序的运维操作管理。

（3）集中安全审计。基于唯一身份标识，通过对用户从登录到退出操作行为全程进行审计，监控用户对目标设备的所有敏感操作，聚焦关键事件，实现对安全事件的及时发现与预警，确保全过程准确可查。

思考题

1. Yarn 的核心组件有哪些？
2. 简述 Flink 管理平台的主要功能。
3. 请列举至少 3 个查找命令。
4. 简述 Ambari 架构体系。

第四章 大数据技术服务（技术咨询）

随着政府、企业信息化建设的不断深入，其所积累的数据也与日俱增。如何更高效地存储、处理、共享这些数据，并最大程度地发掘和利用这些数据的价值，已成为这些组织数字化转型时必然面临的问题。面对这些问题，内部专家或外部机构需要厘清组织业务现状，找到业务痛点，梳理解决路径并达成初步共识，这就是大数据技术服务（技术咨询）所要达成的目标。

本章将介绍技术咨询需要具备的基础知识和技能，帮助技术人员在实际工作场景中结合大数据技术发展趋势、大数据技术咨询范畴和大数据技术框架类型，为客户进行技术咨询服务，达到技术咨询的目的与效果。

- **职业功能：**大数据技术服务。
- **工作内容：**技术咨询。
- **专业能力要求：**能收集目标市场信息，分析行业需求；能配合销售团队进行产品宣讲和解决方案展示；能独立解决客户技术咨询问题并提供技术方案；能参与项目架构设计并提出参考意见。
- **相关知识要求：**大数据架构知识、大数据技术趋势知识。

一、技术咨询概论

（一）技术咨询概念及形式

技术咨询是指大数据技术咨询顾问应委托方的要求，针对数据存储能力、数据计算性能、辅助决策需求等技术问题、课题或特定的技术项目，运用所掌握的大数据相关理论知识、实践知识和信息，通过调查研究并结合客户实际，运用科学的方法和先进的手段进行分析、评价、预测，为委托方提供可供选择的措施、方案及建议。技术咨询的一般形式包括技术传授、技术交流、技术规划、技术评估及技术培训等。

（二）大数据技术引入原则

在进行技术咨询的过程中，咨询顾问首先要判断客户的诉求是否适合用大数据技术来完成，或者说是否可以通过大数据技术来解决。因此，需要确定大数据技术的引入原则。

大数据泛指那些无法在可容忍的时间内用传统信息技术和软硬件工具对其进行获取、管理和处理的巨量结构化、非结构化和半结构化数据集合，具有海量性、多样性、时效性及可变性等特征，需要可伸缩的计算体系结构以支持其存储、处理和分析。大数据技术的引入可以从几个方面来考虑。

1. 存储能力

随着大数据技术的推广、物联网的发展、数字化转型的推进，越来越多的数据正在产生，并被存储应用。据 IDC（Internet Data Center，互联网数据中心）预测，全球数据将从 2018 年的 33 ZB 增至 2025 年的 175 ZB。其中，企业存储的数据量将超过全球总数据量的 80%。IDC 的调查报告显示，现在企业的结构化数据只占全部数据量的 20%，剩下的 80% 是以文件形式存在的非结构化和半结构化数据，这些数据每年增加 60%。

从 TB 级到 PB 级乃至 EB 级，海量数据需要被存储、管理、分析。传统的数据库存储能力最多在 TB 级，此时就需要大数据技术来提供高容量的数据存储能力。

当前，不但是关系型的结构化数据需要分析处理，而且各种异构数据，如半结构化、非结构化数据类的文档以及音频、视频文件也需要进行管理和分析。单一的数据库已经不能满足需求，需要有合适的文件存储系统来提高对该类数据的存储能力。

2. 计算能力

随着数据存储能力的提高，人们对数据计算能力也提出了更高的要求。各个组织面临对 PB 级以上数据的分析和处理，业务响应效率不能降低，这就要求极大程度提升应用系统或业务平台的数据处理及计算能力。

3. 扩展能力

扩展是指从可持续发展的角度考虑如何处理更大规模的数据，以支持业务的不断增长。传统的数据库及应用处理系统支持垂直扩展或有限的水平扩展，在海量数据处理要求下，无法满足长远要求和规划设计建设目的。此时，就需要使用大数据技术的各种分布式组件，借助其良好的扩展性，提供可持续发展的技术框架。

4. 复杂业务、深度精准分析需求

随着数据应用程度的不断加深，人们更加关注对复杂系统的构建和对客观规律的深度探知与精准分析。此时，就需要在大数据基础之上尽可能构造一个贴近现实世界的数字虚拟映像，在拥有充足的计算能力和高效的数据分析方法的前提下，实现对现实规律的发掘，从而指导实践活动。这些都需要大数据的存储、计算、扩展能力作为支撑。

（三）大数据技术应用价值

在确定大数据技术的引入原则后，咨询顾问需要向受托方阐述清楚大数据技术的相关应用价值。大数据技术的战略意义不在于掌握庞大的数据信息，而在于对这些数据进行专业化处理。换言之，如果把大数据比作一种产业，那么这种产业实现盈利的关键在于提高对数据的“加工能力”，从而实现数据的“增值”。

在不同的业务领域，大数据的应用价值也有不同的体现。

在企业经营方面，大数据可以帮助企业进行市场机会的发掘及精细化运营，通过用户行为的分析，为每个用户勾勒出一幅“画像”，为具有相似特征的用户组提供更加精准的服务及产品，甚至为每个客户量身定制不同的方案。比如，智能推荐系统通过分析用户的历史行为习惯，来了解用户的喜好，从而为其推荐感兴趣的信息，满足个性化需求，给人们真正带来个性化的优质体验。

在管理决策领域，以往由于信息有限、获取成本高昂，管理者往往更多地依赖个人经验和直觉来进行决策。现在，大数据能够有效地帮助管理者做出更为准确的决策。

在物流领域，结合算法模型并利用大量数据的训练，物流系统能模仿人的智能，具有思维、感知、学习、判断的能力，能自行解决物流中的某些问题，包括但不限于存货盘点、拣货、包装、单据管理、运输、物流追踪、派送时间预测等。大数据强力助力物流体系智能化进程的推进。

在教育领域，基于大数据技术的加持，可以真正做到“因材施教”。也就是根据每一个学生的学习特点、成绩分布等特征，为其提供个性化的学习指导，释放出每个人的学习能力和天分。

除了这些以外，大数据技术在行政管理、能源、制造、交通等领域都得到了广泛的应用，并体现出非常大的价值。总体而言，大数据的价值本质上体现为，提供了一种人类认识复杂系统的新思维和新手段，为人类提供了全新的思维方式和探知客观规律、改造自然与社会的新手段。

（四）技术咨询能力

就目标而言，大数据技术咨询顾问应能够帮助客户分析大数据应用需求，确立大数据应用战略，规划大数据技术框架，实施大数据应用项目，提升组织数据分析水平，挖掘大数据价值。例如，企业大数据的应用以客户行为分析、企业风险预测、企业绩效管理等业务需求为指引，通过采集企业内外具有潜在利用价值的大量结构化和非结构化数据，搭建大数据技术框架，包括数据采集、分布式数据处理、数据存储、数据挖掘与分析、大数据可视化等。

为了达成业务目标，大数据技术咨询顾问需要具备相应的能力，主要包括业务能力、产品能力、技术能力、沟通表达能力、方案编写能力及学习能力等。

1. 业务能力

现实业务是繁杂多变的，优秀的大数据技术咨询顾问首先需要与客户在一个沟通频道上，这是因为基于大数据技术所解决的大多数问题，都是诸如生产参数优化、产量预测、辅助决策等业务问题。只有对客户的业务有一定的了解，才能因地制宜为其提供具有竞争力的解决方案或者措施，这需要大数据技术咨询顾问具有一定的客户业务经验及业务研究能力。

2. 产品能力

大数据技术咨询顾问在产品方面需要具备两方面的能力。一方面对现有大数据类产品足够熟悉，可以基于客户的需求进行产品特性讲解、功能演示及功能性能测试。另一方面比较贴近市场及客户，在不断的讲解和演示过程中，需要收集客户的意见及竞品情况，通过评估共性需求与个性化要求，为产品的改善与提升提供分析建议。

3. 技术能力

大数据技术咨询顾问应了解大数据类技术，且随着领域的发展而拓新知识。具体来看，他们需要熟悉大数据的主流架构、技术框架及组件的应用；了解大数据技术及产业应用的发展趋势；掌握数据采集、数据处理、数据管理相关技术；熟悉数据分析、数据挖掘相关技术及应用场景；具备数据仓库和数据平台建设方面的实践经验。

4. 沟通表达能力

技术咨询工作本质上是思想的传播和技术的传授，因此沟通表达能力对最终结果有很大的影响。大数据技术咨询顾问需要在技术咨询过程中做充分准备，力争讲解清楚；在展示过程中，能够掌握表达意见的分寸。同时，他们要能够对客户运用有效的人际影响力，使客户和各种不同利益相关者分享其对形势的判断。

5. 方案编写能力

大数据技术咨询顾问需要具备良好的写作能力和文字功底，咨询所用的文件，如书面建议、解决方案、进展报告等，都是与客户沟通的重要手段。方案通常要求内容丰满、论点科学、文字流畅、说理详尽。

6. 学习能力

大数据技术咨询顾问需要不断地观察和学习，能够在短时间内了解熟悉行业及大数据前沿技术的情况，同时要集中精力关注某一两项管理职能领域或行业领域。学习能力在某种意义上已经成为立业之本。

二、大数据技术起源与发展、现状与趋势

（一）大数据技术起源与发展

大数据的概念起源于计算领域，并逐渐扩展到科学和商业领域。早在 1998 年，美

国高性能计算公司SGI的首席科学家约翰·马西在一个国际会议上提出了大数据的概念。他指出，随着数据量的快速增长，将会面临数据理解、获取、处理和组织等四方面难题，并使用“Big Data”来描述这一挑战。这一概念在计算领域引发了深入的思考。2007年，数据库领域的先驱吉姆·格雷提出，大数据将成为人类探索、理解和模拟现实复杂系统的有效途径。他认为，在实验观测、理论推导和计算仿真三种科学研究范式之后，将迎来第四范式——“数据探索”。这一观点激发了科研领域对大数据的广泛关注和研究，后来被总结为“数据密集型科学发现”。2012年，牛津大学教授维克托·迈尔·舍恩伯格在其畅销著作《大数据时代》中进一步强调了大数据在商业应用领域的重要性。他提出，数据分析将从传统的随机采样、精确求解和因果关系模式，转变为大数据时代的全体数据、近似求解和只看关联不问因果的新模式。这一观点引发了商业界对大数据方法的广泛思考和探讨。

大数据的宣传高潮出现在2012年至2013年期间，2014年后概念体系逐渐成形，对其的认知也逐渐趋于理性。随着技术的发展，大数据生态系统逐渐形成和完善，包括数据资源与API、开源平台与工具、数据基础设施、数据分析及数据应用等多个板块。同时，大数据的发展热点呈现出从技术向应用、再向治理逐渐迁移的趋势。

（二）大数据技术现状与趋势

在全球范围内，研究发展大数据技术、运用大数据推动经济发展、完善社会治理、提升政府服务和监管能力正成为趋势。我们可以从应用和技术两个方面对大数据技术的现状与趋势进行梳理。

1. 从应用角度

当今时代，大数据已经成为推动各行各业发展的关键因素。从应用角度来看，虽然已有许多成功案例，但这些应用仍然处于初级阶段，其效果和深度仍有待提升。未来，随着技术的不断进步和应用的不断拓展，大数据分析将更多地用于预测未来和指导实践，成为各领域发展的核心动力。

按照数据开发应用深入程度的不同，可将大数据应用分为三个层次。

（1）描述性分析应用。主要是从大数据中提取相关的信息和知识，帮助人们了解事物的发展历程。例如，美国的 DOMO 公司通过整合企业客户的信息系统数据，以统计图表等形式将数据蕴含的信息呈现给业务人员和管理者，帮助他们更好地了解企业现状并作出相应的决策。

（2）预测性分析应用。主要是通过分析大数据中的关联关系和发展模式，对事物未来的趋势进行预测。例如，微软公司的研究员 David Rothschild 利用好莱坞证券交易所、社交媒体用户发布的帖子等大量公开数据建立预测模型，成功预测了多届奥斯卡奖项的归属。2014 年和 2015 年，他准确预测了奥斯卡 24 个奖项中的 21 个，准确率达 87.5%。这种预测性分析可以帮助决策者提前了解未来趋势，从而做出相应的准备，提出应对措施。

（3）指导性分析应用。它是在上述两个层次的基础上，通过分析不同决策的后果，对决策进行指导和优化。例如，无人驾驶汽车通过分析高精度地图数据和实时感知数据，对车辆不同驾驶行为的后果进行预判，并据此指导车辆自动驾驶。这种指导性分析可以帮助决策者选择最优的方案，从而提高决策的效率。

当前，在大数据应用的实践中，描述性和预测性分析应用较多，而指导性分析应用相对较少。一般而言，人们作出决策的流程通常包括认识现状、预测未来和选择策略三个基本步骤，也对应了大数据分析应用的三种类型。不同类型的大数据应用意味着人类与计算机在决策流程中不同的分工和协作。例如，在第一层次的描述性分析应用中，计算机仅负责将与现状相关的信息和知识展现给人类专家，而对未来态势的判断及对最优策略的选择仍然由人类专家完成。应用层次越深，计算机承担的任务就越多、越复杂，效率提升和价值体现也就越大。虽然应用层次最深的指导性分析应用已在人机博弈等非关键性领域取得较好效果，但是在自动驾驶、政府决策、军事指挥、医疗健康等领域应用价值更高，在与人类生命、财产、发展和安全紧密关联的领域，要真正获得大数据的有效应用，仍面临一系列重大基础理论和核心技术挑战。在此之前，人们还不敢、也不能放手将更多的任务交由计算机大数据分析系统来完成，这就意味着大数据应用仍处于初级阶段。未来，随着应用领域的拓展、技术的提升、数据共享开放机制的完善，以及产业生态的成熟，具有更大潜在价值的预测性和指导性分析应用将是发展的重点。

2. 从技术角度

在当今时代，数据规模高速增长，现有技术体系难以满足大数据应用的需求，大数据理论与技术远未成熟，呼唤信息技术体系颠覆式创新和变革。

近年来，大数据获取、存储、管理、处理、分析等相关技术已有显著发展，但是技术体系尚不完善，大数据基础理论的研究仍处于萌芽期。首先，虽然对大数据的定义达成了初步共识，但是许多本质问题仍存在争议，如数据驱动与规则驱动的对立统一、“关联”与“因果”的辩证关系、“全数据”的时空相对性、分析模型的可解释性与鲁棒性等。其次，针对特定数据集和特定问题域已有不少专门解决方案，是否有可能形成“通用”或“领域通用”的统一技术体系，仍有待未来给出答案；最后，大数据应用超前于理论和技术的发展，数据分析的结论往往缺乏坚实的理论基础，对这些结论的使用仍需保持谨慎态度。

尽管数据处理能力将随技术发展而提升，但仍将落后于数据体量的指数级增长。这种数据处理能力与数据规模之间的“剪刀差”将随时间持续扩大，意味着大数据现象将长期存在。这一背景下，大数据现象将迫使技术进行变革，从而带来信息技术体系的重构机遇。例如，计算机体系结构将呈现以数据为中心的宏观走向和存算一体的微观走向；软件定义方法论被广泛采用，云边端融合的新型计算模式等也正在改变信息技术的面貌；网络通信正在向宽带、移动和泛在的方向发展，海量数据的快速传输和汇聚对网络带宽提出了 PB/s 级别需求，而千亿级设备联网则催生了 GB/s 级别的高密度泛在移动接入需求；大数据的时空复杂度亟须在表示、组织、处理和分析等方面实现基础性原理性突破，高性能、高时效、高吞吐等极端化需求呼唤基础器件的创新和变革；此外，软硬件的开源开放趋势正在重塑产业发展生态。

三、大数据处理技术框架类型

在技术咨询的过程中，需要根据客户的业务需求结合实际应用场景，规划客户所需建设的大数据技术框架，满足客户当前及未来的应用发展需求。常见的大数据技术框架主要分为实时处理类、离线处理类、文件管理类、大数据应用开发类。

（一）实时处理类

实时处理类主要针对实时产生的数据进行集成分析，通常会将消息、文本类数据通过实时采集工具（如 Flume 等）输入消息队列缓存中（如 Kafka），再通过消息队列传输给实时处理组件（如 Spark Streaming、Flink 等）进行处理。

实时处理类通常处理的数据源主要包括各类工业设备所产生的实时消息或文件，其特点是数据量大，采集频度高，数据链路长，数据实时性采集、分析处理要求非常高。实时采集工具提供的是对实时数据的读取、转换和写入，可采用 Flume 技术组件实现快速部署配置，也可通过自定义开发应用程序实现相应的数据接入功能。通常，数据处理会需要秒级内完成从接收到存储、分析处理。为保障高吞吐量的情况下，数据能够及时有效地进行处理，需要通过消息队列机制起到数据缓存作用，但消息队列机制是非必须项，需要结合实际情况进行使用，如异步数据处理、解耦数据产生和数据消费、缓解高峰时期的数据处理压力、支持点对点或发布订阅模式的多种数据消费模式等。

实时处理类组件对实时数据流进行快速处理，具有数据处理低延迟、高并发等特点，所以这些组件应支持流处理和批处理，以实现数据的实时处理和深度挖掘分析，并依赖内存计算实现性能上的提升。常用的实时数据流处理框架有 Flink 和 Spark 生态圈的 Spark Streaming。

（二）离线处理类

离线处理类的大数据技术框架主要应用于数据仓库式的统计分析类业务，通常在后端与数据分析或数据挖掘类场景对接。该框架主要涉及如何将数据源接入数据仓库，以及采用何种离线计算组件，如 MapReduce、Hive、Spark 等。

在数据仓库搭建过程中，离线处理类场景通常会面对批量离线数据的接入。这些数据通常通过 Shell/API 的方式输入大数据存储组件中，并可根据不同的应用类型选择合适的存储组件。例如，对于需要实时随机快速查询的业务场景，可以选择 HBase 组件；对于需要离线分析所存储的结构化数据的场景，可以选择 Hive 组件；对于需要存储非结构化数据的场景，可以选择 HDFS 组件；对于需要分析应用海量数据的场景，可以选择 Greenplum 组件。

（三）文件管理类

文件管理类的大数据技术框架常见于对非结构化数据的应用，主要实现文件管理与分析。该框架应能够对非结构化数据进行管理和分析，如海量存储、文档管理、智能检索、知识挖掘、信息的增值开发利用等，以实现文档统一管理、数字资产沉淀、智能知识应用。

非结构化数据种类多样，数据结构不规则或不完整，不便于用数据库二维逻辑表来表现，没有预定义的数据模型，存储不统一，并且增长速度快、数量巨大，因此对数据存储、治理都有着很高的要求。在数据处理方面，非结构化数据的标准也是多样的，所以需要更加智能化的技术框架来支持存储、检索、发布及利用。此外，从原始的非结构化信息中识别和挖掘有价值的信息也是一项重要的任务。通过信息抽取、信息分类、仓库建立和数据映射等流程，可以将原始的非结构化数据转化为意义更加明确、满足产品个性化需求的数据信息。

文件管理类的大数据技术框架旨在实现以文件为载体的数据管理与分析功能。这类文件包括音频文件、视频文件、电子设计图纸、电子办公文档、数据报表及各种其他文件形式的业务数据。在企业数字化进程中，需要将这些文件进行统一的管理和分析，因此该框架提供了数据的检索、上传、下载管理功能，以及相应的统计分析和挖掘分析功能。这些功能有助于对产品研发、生产、销售、售后等活动进行智能化的管控。该框架的核心部分包括 4 个层次：数据接入层、数据存储层、数据计算层和数据分析层，具体如下。

（1）数据接入层。该层主要实现对各种类型文件的接入功能，包括音频、视频文件、各类文档报告和结构化文本等。它可以通过 ETL（Extraet–Tranform–Load，提取、转换、加载）和接口实现外部结构化文件、非结构化文件的批量接入，并通过日志收集系统 Flume 实现文件的实时接入功能。此外，可以根据数据的特点对接不同的数据存储。例如，非结构化文件可以对接各种文件存储，结构化文件则可以对接数据仓库。

（2）数据存储层。该层主要实现对非结构化文件的存储和管理，支持对象存储、分布式文件存储、海量结构化数据存储，可以通过对象存储、NoSQL 数据库、分布式文件系统、数据仓库、关系型数据库等实现数据存储。

（3）数据计算层。该层可以使用分布式内存框架 Spark 的内存计算和批处理功能，也可以使用 Spark SQL 和 Spark MLlib 实现数据统计分析和挖掘分析。

（4）数据分析层。该层通过机器学习和统计分析技术，实现对文本挖掘和指标统计的数据分析。

（四）大数据应用开发类

1. 离线数仓

随着互联网时代的到来，数据量急剧增加，大数据时代正式来临。在此背景下，Hadoop 生态系统及其衍生技术逐渐受到关注。Hadoop 以 HDFS 为核心存储，以 MapReduce 作为基础计算模型的批量数据处理基础设施。围绕 HDFS 和 MR，一系列组件应运而生，使整个大数据平台的数据处理能力不断提高。这些组件包括面向列操作的 HBase、面向 SQL 分析的 Hive 以及面向工作流的 Pig 等。以 Hadoop 为核心的数据存储和处理技术逐渐成为数据处理领域的核心力量。大数据技术栈如图 4–1 所示。

在此阶段，随着企业信息化的推进和信息化工具的更新，数据量逐渐增大，数据格式日渐丰富，对决策的要求也愈发严格。在这种背景下，数据仓库技术在大数据场景中得到了广泛应用。大数据中的数据仓库构建依然基于经典的数仓架构，只是用大数据工具替代了经典数仓中的传统工具，因此架构建设上并无根本性改变。

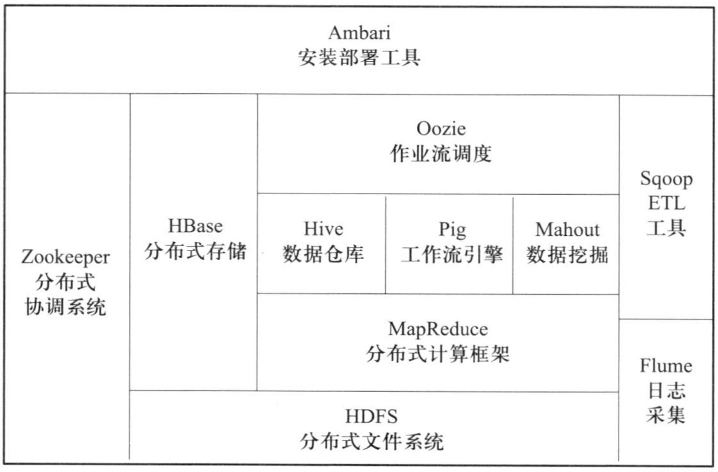

图 4–1　大数据技术栈

随着数据处理需求与能力的不断演变，许多用户逐渐发现，无论如何提升批处理模式的性能，都无法满足一些实时性要求高的处理场景需求。于是，流式计算引擎应运而生，如 Storm、Spark Streaming、Flink 等。

离线大数据架构无法处理实时性业务。早期，很多公司都基于 Storm 来应对实时性较强的业务场景。但随着越来越多的应用上线，大家发现，批处理和流计算配合使用才能满足大部分应用需求。对于用户而言，他们并不关心底层的计算模型是什么，而是希望无论是批处理还是流计算，都能基于统一的数据模型来返回处理结果。因此，Lambda 架构数仓被提出。

2. Lambda 架构数仓

基于原有的离线数仓，Lambda 架构数仓增加了实时计算链路，并对数据源进行了流式改造。具体来说，就是将数据发送到消息队列（如 Kafka 等大数据常用工具），然后实时计算平台会消费这些消息队列中的数据，以完成实时指标计算。计算结果将被推送到下游的数据服务中，由数据服务层将离线与实时结果进行合并。

Lambda 架构数仓中的数据从底层的数据源开始，经过各种格式进入大数据平台。在大数据平台中，这些数据由 Kafka、Flume 等数据组件收集，然后分成两条线进行计算。一条线进入流式计算平台（如 Storm、Flink 或 Spark Streaming），以计算实时指标，确保数据的实时性；另一条线进入批量数据处理离线计算平台（如 MapReduce、Hive，Spark SQL），以计算 T+1 的相关业务指标，这些指标需要隔日才能看到，以确保数据的有效性和准确性。

3. Kappa 架构数仓

随着 Flink 等流处理引擎的不断发展完善，以及流处理相关技术的发展成熟（例如：Kafka、ClickHouse），为了克服 Lambda 架构需要维护两套程序的缺点，LinkedIn 的 Jay Kreps 提出了 Kappa 架构。

Kappa 架构数仓的核心思想是通过改进流计算系统来解决数据全量处理的问题，使得实时计算和批处理过程可以使用同一套代码。此外，Kappa 架构只有在有必要的时候才对历史数据进行重复计算，通过上游重放来完成多个实例重复计算（从数据源拉取数据重新计算）。

Kappa 架构数仓基于流来处理所有数据，流计算天然的分布式特征使其扩展性更好。通过加大流计算的并发性和流式数据的“时间窗口”，Kappa 架构可以统一批处理与流处理两种计算模式。

构建在 Kappa 架构上的数仓被称为实时数仓。虽然 Kappa 架构数仓流式重新处理历史的吞吐能力可能低于批处理，但这个缺陷可以通过增加计算资源来弥补。重新处理数据看似比较麻烦，但并不复杂，其步骤如下。

（1）选择一个具有重放功能且能够保存历史数据的消息队列，如 Kafka，根据需求配量历史数据保存策略，确保保存全部历史数据。

（2）当需要重新处理某个或某些指标时，编写符合新逻辑的新作业。然后，从上游消息队列的起始位置重新消费数据，并将结果写入新的下游结果表。

（3）当新作业赶上进度后，切换数据源，读取新作业产生的结果表。

（4）停止旧作业并删除旧的结果表。

另外，Kappa 架构数仓并不能完全实时中间结果。现在很多大数据系统需要支持机器学习（离线训练），因此实时中间结果需要落地到相应的存储引擎以供机器学习使用。此外，有时还需要对明细数据进行查询，这种场景下也需要将实时明细层导出到相应的引擎中。

Kappa 架构数仓也存在一些缺点，如由于采集的数据格式不统一，每次都需要开发不同的 Streaming 程序，导致开发周期长。

4. 数据湖

数据湖（Data Lake）是一个大型存储系统，用于存储各种原始数据，包括可供存取、处理、分析和传输的数据。数据湖以自然格式存储数据，通常是对象 blob 或文件，是企业所有数据的单一存储，包括源系统数据的原始副本，以及用于报告、可视化、分析和机器学习等任务的转换数据。数据湖包括来自关系数据库（行和列）的结构化数据、半结构化数据（CSV、日志、XML、JSON）、非结构化数据（电子邮件、文档、PDF）和二进制数据（图像、音频、视频）。通常使用 Hadoop 集群部署实现。

在设计数据湖时，首要考虑的是通过开放底层文件存储，为数据入湖提供最大的灵活性。进入数据湖的数据可以是结构化的，也可以是半结构化的，甚至可以是完全非结构化的原始日志。此外，开放存储为上层引擎带来了更多的灵活度，各种引擎可以根据针对的场景随意读写数据湖中存储的数据，只需要遵循相当宽松的兼容性约定。

然而，直接访问文件系统使得许多高级功能难以实现，如细粒度（小于文件粒度）的权限管理、统一化的文件管理和读写接口升级。要实现这些功能，需要对每个访问文件的引擎进行升级，这使得升级过程变得十分困难（需要完成每一个访问文件的引擎升级）。

5. 湖仓一体架构

企业选择系统架构设计时需要从具体的分析场景出发，因为单一的模式已不能满足企业发展的业务需求，面临以下两方面突出问题。

（1）数据湖的挑战。主要表现在离线批量计算，缺乏数据仓库的数据管理能力，因此难以提高数据质量。此外，数据入湖的时效性差，不支持实时更新，导致数据无法保持强一致性。另外，主题建模不友好，无法直接进行历史拉链建模。同时，交互分析通常需要将数据迁移到数据仓库平台，导致分析链路长、数据冗余存储多。批处理和流处理场景的融合不够，无法满足企业的海量数据处理需求。

（2）数据仓库的问题。数据仓库无法满足非结构化数据的分析需求，性价比不高。同时，仓库和湖之间难以实现互联互通，导致数据协同效率低下，无法支持跨平台透明访问，形成了事实上的数据孤岛，增加了查找数据的难度。缺乏全局数据视图，存在不同平台接口差异，因使用不同的开发管理工具导致用户开发使用复杂，分别管理维护数据的代价高且体验差。

数据湖和数据仓库在企业数据分析领域中扮演着重要的角色，它们共同构成了完整的数据分析生态系统。企业在面对一些关键痛点时，需要寻求技术上的融合，因此下一步的演进方向是实现湖仓一体。目前，许多公司同时构建了数据仓库和数据湖两种存储架构，如一个大型数据仓库和多个小型数据湖，这种做法会导致数据在这两种存储中存在一定的冗余。为了解决这一问题，湖仓一体这一概念应运而生。它通过将数据仓库构建在数据湖上，使存储变得更加廉价和具有弹性，同时能够有效地提高数据质量并减少数据冗余。

湖仓一体是一种结合了数据湖和数据仓库优势的新范式，突破了数据湖的局限性，其核心在于打通了“湖里”“仓里”的数据与元数据，并使其自由流动。湖仓一体采用了全新的系统设计，直接在低成本存储上实现了与数据仓库类似的数据结构和数据管理功能。湖仓一体犹如在湖边建造了许多小房子，这些房子分别负责不同的任务，如数据分析、机器学习运行、音视频检索等。而这些数据源流都可以轻松地从数据湖中获取。湖仓一体具有以下特点。

（1）统一的数据管理。湖仓一体实现了全面的数据管理功能，包括对原始数据和处理后数据的统一管理。数据湖中的数据会不断积累和演化，因此需要具备以下数据管理能力：数据源、数据连接、数据格式、数据 schema（库 / 表 / 列 / 行）。此外，作为企业中统一的数据存放场所，数据湖还具备权限管理功能。

（2）多模态的存储引擎。湖仓一体内置了多模态的存储引擎，以满足不同应用对于数据访问的需求（综合考虑响应时间、并发、访问频次、成本等因素）。为了实现可接受的性价比，该解决方案还提供可插拔式存储架构，支持 HDFS/S3 等存储类型，并在必要时与外置存储引擎协同工作，以满足多样化的应用需求。

（3）丰富的计算引擎。湖仓一体提供了各类计算引擎，包括批处理、流式计算、交互式分析以及机器学习等。数据的加载、转换和处理通常使用批处理计算引擎；实时计算部分则使用流式计算引擎；对于探索式的分析场景，可能需要引入交互式分析引擎。为了满足不同需求，该解决方案提供计算引擎的可扩展 / 可插拔功能。

（4）数据全生命周期管理。作为企业中全量数据的存储场所，湖仓一体可实现对数据的全生命周期管理，包括数据的定义、接入、存储、处理、分析、应用等全过程。为了实现高效的数据管理，一个强大的数据湖需要具备对任意一条数据的接入、存储、处理、消费过程进行追溯的功能，以便清晰地重现数据的完整产生过程和流动过程。

思考题

1. 离线数仓和实时数仓有何区别？
2. 实时数仓需要哪些大数据技术作为支撑？
3. 数据仓库和数据湖有何区别？
4. 湖仓一体架构有何优势？

第五章 大数据处理与应用

本章将介绍大数据处理技术核心栈，主要从大数据处理技术的流程出发，围绕大数据的采集、建模、预处理、计算到查询的完整过程，以目前主流的 Hadoop、Spark、Flink 等开源大数据处理平台为核心内容。本章包括数据采集、数据建模、数据预处理、数据计算、数据查询 5 个小节。

- **职业功能：** 大数据处理与应用。
- **工作内容：** 数据采集、数据建模、数据预处理、数据计算、数据查询。
- **专业能力要求：** 能根据业务需求进行在线、离线数据采集，并配置数据缓存及消息队列；能根据业务需求参与制定数据迁移方案；能制定调度策略；能根据业务特性，制定数据存储策略；能根据数据建模规范设计数据模型；能根据存储系统选型编写并优化数据模型实现脚本；能根据业务需求对数据模型进行优化；能根据数据质量要求制定数据清洗策略及评估方案；能根据业务要求制定数据整合方案；能根据业务需求及性能要求设计数据结构及格式调整方案；能根据归一性需求制定数据规约方案；能根据业务需求编写自定义数据预处理函数；能根据业务需求编写批量、实时数据计算作业并优化作业参数；能根据业务规则设计相应标签库并进行标签管理；能根据业务规则设计相应数据指标计算算法；能使用大规模并行分析数据库优化联机事务分析系统性能；能使用计算引擎优化数据查询效率；能通过计算平台构建检索分析系统。

- **相关知识要求：** 信息系统配置知识、数据监测与迁移知识、数据存储策略知识、数据仓库知识、层次建模知识、维度建模知识、读写性能知识、信息技术文档编制知识、数据序列化知识、数据压缩知识、常用算法与数据结构知识、数据画像知识、数据倾斜知识、大规模并行分析数据库知识、数据立方知识、查询引擎知识、数据分词知识。

第一节 数据采集

足够的数据量是企业大数据战略建设的基础，数据采集是大数据分析的前站。采集是大数据价值挖掘的首要环节，其后的分析挖掘都建立在采集的基础上。现代企业中存在各种不同应用和各种数据格式的存储需求，但在企业之间、企业内部存在条块分割、信息孤岛的现象，数据不能实现可控的交换和共享，数据采集显得尤为重要。通过数据采集，对企业各个系统和应用中的各类数据进行存取，有助于把企业数据的存取集成与企业的功能集成分离开来。

本节介绍了数据采集所涉及的各种技术，包括数据采集方案及实施方法、数据迁移方案及实施方法、数据采集脚本开发及调度策略、数据存储策略及实施方法，并引入了数据采集项目案例。

一、数据采集方案及实施方法

（一）数据采集方案

数据采集是一切数据应用的来源，是为了满足数据统计、分析和挖掘的需要，搜集和获取各种数据的过程，指导着企业在产品、运营和业务等多方面的决策。如果数据采集没有做好，影响了数据的整体质量，在后面环节进行弥补的代价会很大，最终的数据应用及基于应用得到的决策与反馈的质量，也必然会受到影响。从这个意义上来讲，无论如何强调数据采集的重要性都不为过。

数据主要分为结构化数据和非结构化数据。

结构化数据主要是具有一定固定格式同时又包含一些非结构化文本的数据，如访问日志文件、服务器日志等。结构化数据主要包括任一关系数据库的表结构数据、任一有统一格式的文本文件或者序列化文件，如 sequene file、avro、parquent。根据时效性，结构化数据又分为离线数据和实时数据两种。

非结构化数据之间用统一的结构表示信息，主要包括文档、图片、语音、视频等，这类数据包含两个部分的内容，一部分是数据的元数据信息，另一部分是数据本身的具体内容，如文档作者、创建时间等。

1. FlinkX 工具

FlinkX 是一款基于 Flink 的分布式离线 / 实时数据同步插件，可实现多种异构数据源的高效同步，同时也是一种支持原生 FlinkSQL 所有语法和特性的计算框架。它既可以采集静态的数据，也可以采集实时变化的数据。

理论上，FlinkX 可以支持任意数据源类型的数据同步工作。作为一套生态系统，每接入一套新数据源，即可实现与现有数据源互通。在底层实现上，整个数据同步任务共有的处理逻辑被抽象在 Template 模块中，Template 模块根据同步任务的配置信息，加载源数据库和目的数据库对应的 Reader 插件和 Writer 插件，通过 DataStream 对象将 Reader 和 Writer 串接在一起，组装成一个 Flink 任务，并提交到 Flink 集群执行。FlinkX 任务执行流程如图 5-1 所示。

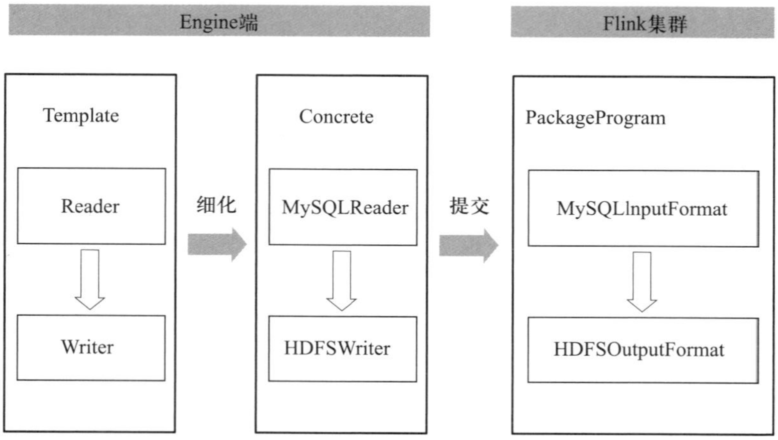

图 5-1　FlinkX 任务执行流程

对于 FlinkX 的使用，用户只需要提供一份数据同步配置信息，无须编写程序，FlinkX 会将配置信息自动转换为 Flink 任务，并提交到 Flink 集群执行。因此，FlinkX 天然具有 Flink 的性能优势，主要表现为低延迟、高吞吐和高可靠。同时，FlinkX 的数据同步插件是开放式、可扩展的，可供任何类型的数据源开发 Reader 和 Writer 插件。FlinkX 支持多种运行模式，如 local、standalone、yarn-session、yarn-per-job、ubernetes-session 及 kubernetes-application 等。

2. 离线数据采集

通过 FlinkX 主动拉取并直接写入指定的离线和在线存储系统，完成数据库数据接入，如图 5-2 所示。

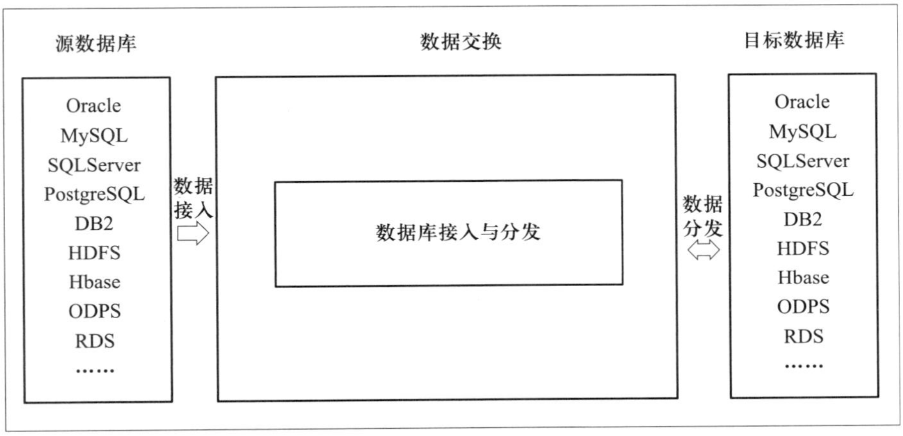

图 5-2 数据库数据接入

数据库接入与分发支持读取多种源数据库，并支持写入多种目标数据库或者其他存储系统，在整个抽取和写入过程中，需要保证数据的完整性和一致性。批量数据采抽取具备如下功能。

（1）多协议数据抽取。提供了文件和数据库等多种数据抽取方式，支持高性能关系型数据仓库、MPP（Massively Parallel Processor，大规模并行处理机）分布式数据仓库、Hadoop 等，接口协议可以根据需要随时添加。

（2）高效率与控制。将多个抽取任务发布到集群中并行处理，内部运算使用二进制存储，针对大批量零散文件进行优化，可控制并发数和任务优先级。

3. 实时数据采集

实时数据采集数据源大概分为两类：一类是业务库的数据源类型，如 MySQL、Oracle、SQL Server 等；另一类是实时日志类型，如埋点日志、系统日志、应用日志等。

流式（实时）数据采集主要应对海量数据，进行高性能的实时数据采集处理，以实时、高效、低延迟为核心驱动点，具备毫秒级数据触发能力，实现秒级单位时间窗口的数据统计分析，可通过引入实时计算引擎，进行实时数据抽取和分析计算，并将计算结果进行展示。根据流式技术特征，适合引入流式数据采集的场景应具有如下特点。

（1）针对高频度的事件流。

（2）每个独立的事件都需要处理和分析。

（3）高聚合度，以致数据的体积会大幅度缩小。

对于大数据平台上层产品，将批量数据采集与流式（实时）数据采集这两种模式的数据采集能力进行封装形成独立组件，并将其纳入作业调度系统进行统一管控，从而满足不同策略、不同形式、异构数据源之间的数据采集需求。

数据源实时传进来之后，通过 FlinkX 进行数据接入，然后进入 Kafka 消息队列，进行数据消费。Kafka 是一种高吞吐量的分布式发布订阅系统，可以处理所有的动作流数据。Kafka 保存消息时根据主题（topic）进行分类，包含消息发送者（producer）、消息接收者（consumer）。Kafka 中的一个主题可以认为是一类消息，每个主题将被分成多个分区（partition）。每个分区在存储层面追加日志（append log）文件，任何发布到此分区的消息都会被直接追加到日志文件的尾部。一个主题的多个分区被分布在 Kafka 中的多个服务器上，每个服务器负责分区中消息的读写操作。除此之外，Kafka 还可以配置分区需要备份的个数，每个分区将会被备份到多台机器上，以提高可用性。

Kafka 能够充分保证数据的高吞吐量，可以支持每秒收发数百万条消息，且支持并行加载数据，即使是数以 TB 的消息存储，也能够保持长时间的稳定性能。

（二）数据采集实施方法

1. 离线数据采集实施

现需从 MySQL 采集一个字典表到 Hive，使用 FlinkX 作为同步工具进行同步，只需定义任务 JSON（JavaScript Object Notation，基于 JavaScript 语言的轻量级的数据交换格式）即可。MySQL 表结构见表 5-1。

表 5-1　　MySQL 表结构（1）

序号	字段中文名	数据字典名	字段类型	是否非空	字段备注
1	省份代码	province_code	char(2)	NOT NULL	[主键]
2	省份名称	province_name	char(14)	NOT NULL	—
3	省份简称	province_shortname	char(2)	NOT NULL	—
4	地区代码	district_code	char(1)	NOT NULL	—
5	开始日期	start_date	char(8)	—	—
6	结束日期	stop_date	char(8)	—	—

现在需要在 Hive 中创建一个数据库 railway，并且创建一个表 dim_province，具体创建语句如下：

```
-- 创建数据库
create database if not exists railway;
-- 创建表
create table railway.dim_province(
        province_code string,
        province_name string,
        province_shortname string,
        district_code string,
        start_date string,
        stop_date string)
    comment' 省份字典表 ';
row format delimited fields terminated by ',' stored as textfile;
```

用于同步的 JSON 文件为 mysql_hive.json，其内容如下：

```
{"job":{"content":[{"reader":{"parameter":{"password":"******","fetchSize":1024,"column":[{"name":"province_code","type":"char"},{"name":"province_name","type":"char"},{"name":"province_shortname","type":"char"},{"name":"district_code","type":"char"},{"name":"start_date","type":"char"},{"name":"stop_date","type":"char"}],"connection":[{"jdbcUrl":["jdbc:mysql://ip:3306/railway"],"table":["province_dict"]}],"username":"flinkx"},"name":"mysqlreader"},"writer":{"parameter":{"path":"/user/hive/warehouse/railway.db/dim_province","column":[{"name":"province_code","type":"string"},{"name":"province_name","type":"string"},{"name":"province_shortname","type":"string"},{"name":"district_code","type":"string"},{"name":"start_date","type":"string"},{"name":"stop_date","type":"string"}],"defaultFS":"hdfs://ip:8020","writeMode":"overwrite","fieldDelimiter":",","fileType":"text"},"name":"hdfswriter"}}],"setting":{"errorLimit":{},"speed":{"bytes":2097152,"channel":1}}}}
```

同步的命令如下：

```
bin/flinkx-mode local -jobType sync -job demo/json/mysql_hive.json -flinkxDistDir flinkx-dist
```

同步的结果如图 5–3 所示。

```
**********************************************
numWrite                      |  34
last_write_num_0              |  0
conversionErrors              |  0
writeDuration                 |  32009
duplicateErrors               |  0
numRead                       |  34
snapshotWrite                 |  68
otherErrors                   |  0
readDuration                  |  805
byteRead                      |  25568
last_write_location_0         |  0
byteWrite                     |  26112
nullErrors                    |  0
nErrors                       |  0
**********************************************
```

图 5–3　离线数据采集同步结果

2. 实时数据采集实施

现需从 MySQL Binlog 采集一张实时店铺信息表 ods_shop_info 到 Kafka，使用 FlinkX 进行同步，只需定义任务 JSON 即可。MySQL 表结构见表 5-2。

表 5-2　MySQL 表结构（2）

序号	字段中文名	数据字典名	字段类型	是否非空	字段备注
1	店铺标识	shop_id	varchar(50)	NOT NULL	[主键]
2	店铺名称	shop_name	varchar(100)	NOT NULL	—
3	店铺类型	shop_type	varchar(10)	NOT NULL	—
4	店铺地址	address	varchar(100)	—	—
5	店铺状态	status	varchar(10)	—	open/closed

Kafka 的主题为 eshop_shop_info。用于同步的 JSON 文件为 mysqlcdc_kafka.json，其内容如下：

```
{"job":{"content":[{"reader":{"parameter":{"password":"******","connectionCharset":"UTF-8","cat":"INSERT,DELETE,UPDATE","jdbcUrl":"jdbc:mysql://ip:3306/ods","host":"ip","table":["ods_shop_info"],"pavingData":true,"username":"root"},"name":"binlogreader"},"writer":{"parameter":{"producerSettings":{"bootstrap.servers":"ip:9092"},"topic":"eshop_shop_info","encoding":"UTF-8"},"name":"kafkawriter"}}],"setting":{"speed":{"bytes":2097152,"channel":1}}}}
```

同步的命令如下：

```
bin/flinkx-mode local -jobType sync -job demo/json/mysqlcdc_kafka.json -flinkxDistDirflinkx-dist
```

任务启动后会持续运行，并且会把 MySQL 的数据同步到 Kafka 的主题中。

如果需要从 Kafka 同步到数据库中，同样也可以编写 JSON 任务，将 Kafka 的数据同步到 MySQL 或者 Hive 数据库中。

二、数据迁移方案及实施方法

（一）数据迁移方案

数据迁移是指在数据存储系统、数据格式或计算机系统之间传输数据的过程。大多数组织在从旧系统替换或更新到新系统，采用新系统，发生合并和收购、分拆或监管变更时，通常都会进行数据迁移。构建数据迁移方案的方法不止一种，组织的特定业务需求将有助于确定什么是最合适的方法，大多数采用大爆炸式和涓流式。

在大爆炸式数据迁移中，完整传输是在有限的时间窗口内完成的。当数据经过ETL处理并转换到新数据库时，实时系统会出现停机。这种方法的优点在于，一切都发生在一个有时间限制的事件中，需要相对较少的时间来完成，但压力可能会很大。如果企业在其资源处于离线的情况下运营，可能会受到损害。

相比之下，涓流式迁移是分阶段完成迁移的。在实施过程中，新、旧系统并行运行，消除了停机或操作中断的隐患，实时运行的进程可以保持数据不断迁移。与大爆炸式相比，涓流式迁移在设计上可能相当复杂，但通常会降低风险。

无论采用哪种实现方法，都需要确保以下三点。

第一，执行前备份数据。如果在实施过程中出现问题，防止丢失数据。在继续之前，应确保有备份资源并且已经通过测试。

第二，坚持战略。迁移过程可能很复杂，有时困难重重，因此应做好心理准备坚持执行计划。

第三，反复测试。在规划、设计及整个实施和维护过程中，应反复测试数据迁移，以确保达到预期的结果。

1. 数据备份

数据备份是将数据从主要位置复制到次要位置的做法，以确保在发生灾难、事故或恶意操作时保护数据。备份数据意味着服务器正在运行的工作负载所有必要数据都已经得到妥善保存。需要备份的数据包括文档、媒体文件、配置文件、机器映像、操作系统和注册表文件等。事实上，想要保留的任何数据都可以存储为备份数据。

备份数据的方法有很多种。选择正确的介质或技术，有助于确保满足需求的最佳数据备份效果。以下是六种最常见的介质或技术。

（1）可移动介质。一个简单的选择是备份到可移动媒体上，如 CD、DVD、较新的蓝光光盘或 USB 闪存驱动器。这对于较小的数据量可能很实用，但较大的数据量需要备份到多个磁盘，会造成数据恢复复杂化。

（2）冗余。可以设置一个额外的硬盘驱动器，它是特定时间点敏感系统驱动器的副本，或者是整个冗余系统。例如，使用一台处于待机状态的电子邮件服务器，被用于备份主电子邮件服务器。冗余是一种强大的技术，但管理起来很复杂。它需要在克隆系统之间进行频繁的复制，除非冗余系统位于远程站点，否则只有在特定系统出现故障时才有用。

（3）外置硬盘。可以在网络中部署大容量外部硬盘驱动器，并使用存档软件将本地文件的更改保存到该硬盘驱动器。存档软件允许 RPO（Recovery Point Object，恢复点目标）从外部硬件恢复文件。但是，随着数据量的增长，一个外部驱动器是不够的，否则 RPO 将大幅增长。使用外部驱动器需要将其部署在本地网络上，存在一定风险。

（4）备份设备。许多供应商提供完整的备份设备，通常部署为 19 英寸机架安装设备。备份设备具有大存储容量和预先集成的备份软件。在需要备份的系统上安装备份代理，定义备份计划和策略，然后以流式传输数据到备份设备。与其他选项一样，应尝试将备份设备与本地网络隔离，并在可能的情况下放置在远程站点。

（5）备份软件。基于软件的备份解决方案的部署和配置比硬件设备更复杂，但提供了更大的灵活性，允许对备份的系统和数据进行定义，将备份分配到存储设备，并自动管理备份过程。

（6）云备份服务。许多供应商和云提供商提供后端即服务 (BaaS) 解决方案，可以将本地数据推送到公共或私有云，并在发生灾难时从云中恢复数据。BaaS 解决方案易于使用，并具有将数据保存在远程位置的强大优势。

对于备份可以采取“3–2–1”备份策略，即三份数据副本、两种不同的存储类型、一份异地数据副本。该策略被大多数信息安全专家和政府部门视为最佳实践。它可以防止意外和恶意威胁，并确保可靠的数据备份和恢复。

2. 数据迁移

数据迁移是一个耗时的多步骤过程，涉及诸如规划、数据分析和测试等活动。在 ETL 过程的上下文中，任何数据迁移都将至少涉及转换和加载步骤。这意味着提取的数据需要经过一系列的准备工作之后，才能加载到目标位置。

不太成功的迁移可能会导致包含冗余和未知的不准确数据。即使源数据完全可用且充足，也可能发生这种情况。此外，源数据中确实存在的任何问题在被引入新的、更复杂的系统时都会被放大。

完整的数据迁移策略可防止出现问题。在规划和制定工作战略时，团队需要充分关注数据迁移，而不是让它从属于另一个范围较大的项目。

数据迁移的类型可定义为以下三种。

（1）存储迁移。这是将数据从现有阵列移至更现代化的阵列，以使其他系统能够访问数据的过程。存储迁移可显著提高性能，提供更经济高效的扩展能力，同时实现克隆、快照及备份、灾难恢复等预期数据管理功能。

（2）云迁移。这是将数据、应用程序或其他业务要素从内部数据中心移动到云，或从一个云移动到另一个云的过程。

（3）应用程序迁移。这是将应用程序从一个环境移动到另一个环境的过程，包括将整个应用程序从内部 IT 中心移动到云，在云之间移动，或者只是将应用程序底层数据移动到软件提供商托管的新形式应用程序。

3. 数据一致性对比

数据一致性比对一直是数据迁移中的一大难题，只有通过数据比对校验，才能确保数据迁移的准确性、完整性，确认生产库上所有的更新都已经被应用到目标端，即验证目标端与生产库的数据一致性，避免因数据差异造成风险。在进行异构数据库数据比对检验时，快速校验数据的准确性，需要熟知数据一致性比对校验的原理及方式。数据一致性比对校验的方式有以下五种。

（1）基于同步日志检查。分析即将装载到备库的 SQL 语句，是装载正确的根本，这部分数据的正确保证了数据源的正确性。有时备库和主库表定义不一致，日志就会记录出错，根据日志就能够检查出问题出现在什么地方。通过上述日志基本能实现同步过程中的错误捕捉，同时还可以借助同步数据检查程序和应用程序。连接备库抽查是一种辅助检查方式。当使用备库为查询统计分析实时提供服务时，也会把抽查变成常态，从而保证数据的一致性。

（2）基于哈希值的校验方式。哈希值的校验原理是将表的所有字段拼凑成一个字符串，然后再根据此字符串生成哈希值。需要注意的是，对于不同数据库的特殊字段，如 MySQL 的 BLOB、CLOB、RAW、LONG、LONG RAW、ROWID 等，并不做校验。当一个表的哈希值总和与记录数相同的时候，可认为该表的数据是一致的。哈希值校验方式建议在割接开始前对进行，可对所有表进行检查，特别大的表除外。

（3）基于记录数的校验方式。基于记录数的校验方式是简单地通过记录数确认同步是否正常。这种方式对生产库的性能消耗比较小，而且速度比较快。基于记录数的校验方式建议在割接开始后或者割接当天进行。

（4）基于 where 条件的记录数加哈希值校验方式。对于数据量特别大的表，如果直接采用哈希值的校验方式，很可能导致资源开销过大且效率较低，建议增加 where 条件以减少哈希值校验的量。比如，某大表有一个时间戳的字段，如 createtime，且该时间戳写入后，相关记录不再作任何变更，可以通过记录数校验直接核对数据初始化前的相关记录，通过哈希值校验数据初始化后的相关记录。

（5）基于业务场景检查。事前编写好数十个返回结果较快的 SQL，从业务角度抽样校验。对于不一致的数据进行校验，当表中的数据量较小时，可重新进行数据同步修复；大部分表均存在时间戳字段，通常时间戳字段类型为 DATE，对于存在多个时间戳字段的情况，优先选择含 START、CREATE 等字符的字段。由于该方法是在假设时间戳字段记录静止的前提下进行修复，因此修复时不需要停止数据增量同步进程。

（二）数据迁移实施方法

1. 冷备份

冷备份也被称为离线备份，是一种数据库备份，在迁移期间数据库处于离线状态且不可访问更新。它避免了复制可能处于更新过程中数据的风险，是一种最安全的备份方法。但是，冷备份涉及停机操作，用户在备份期间无法访问数据库。使用冷备份从灾难中恢复数据可能需要更长的时间，因为将数据从冷备份站点移动到完全可操作的环境可能会导致延迟。

冷备份不受电源浪涌和电力中断的影响，并且不会被病毒或入侵者中断。此外，冷备份可防止意外覆盖或删除。冷备份可确保备份一致，但不能用于任何需要连续运行的系统。在冷备份期间，不应有用户登录，也不应进行任何活动，以确保备份期间文件不变。

如果将数据备份到异地设施，可以从数据副本执行冷备份。冷备份过程中数据文件不能发生变化，从而保证数据库恢复正常运行时状态一致。

对于 Oracle 的冷备份，首先在运行的库中得到数据库运行的所有物理文件位置，然后在计划内关闭数据库，再执行拷贝物理文件到备份路径或备份设备。备份完成后，立即启动数据库让其提供正常的服务。

示例 SQL 脚本如下：

```
set feedback off
set heading off
set verify off
set trimspool off
set pagesize 0
set linesize 200
define dir = '/opt/app/oracle/coldbak'
define script = '/tmp/coldbak.sql'
spool  &script
select 'ho cp ' || name || ' &dir' from v$controlfile
union all
select 'ho cp ' || name || ' &dir' from v$datafile
union all
select 'ho cp ' || member || ' &dir' from v$logfile
union all
```

```
select 'ho cp ' || name || ' &dir' from v$tempfile
/
create pfile = '&dir/initorcl.ora' from spfile;
ho cp /opt/app/oracle/10g/dbs/orapworcl&dir
spool off
shutdown immediate
start  &script
ho rm  &script
startup
```

2. 热备份

热备份也称为动态备份或在线备份，是指在数据库处于活动状态的时候，备份数据库操作 SQL 语句。在此期间，数据库读写均可正常进行。它可在表空间或数据文件级备份，备份时间短，可实现秒级恢复几乎所有数据库实体。但是，热备份不能出错，否则后果很严重。若热备份不成功，所得结果不可用于时间点的恢复。因为难于维护，所以执行热备份要特别仔细小心。简单地说，热备份就是把一个服务器上执行过的 SQL 语句在别的服务器上重复执行一遍。只要两个数据库的初态是一样的，它们就能一直同步。

MySQL 热备份主要分两种——主从备份和主主备份。主从备份是指将主服务器中的数据实时备份到从服务器中，使得从服务器中的数据与主服务器一致；主主备份是指两个数据库服务器均同时作为主服务器与从服务器，用户可以同时向两边操作数据，自动保持两数据库数据一致，但应注意采用自增主键的冲突问题。

三、数据采集脚本开发及调度策略

（一）数据采集脚本开发

数据采集的方法可以直接从数据库同步数据，也可以通过网络爬虫进行爬取。而 Python 对于爬虫的支持比较全面，可通过 urllib、requests、BeautifulSoup、lxml 等类库采集静态网页数据，也可通过 Ajax、PhantomJS 及 Selenium 进行动态网页数据的采集，同时还提供了 Scrapy 的爬虫框架。

1. Python 脚本开发

Python 爬取数据主要包含 4 个步骤，对应的步骤有相应的类库可以调用。下面给出一个具体实例，在这个例子中，我们会爬取“https://docs.python.org/3.11/”这个网址中的数据。

（1）使用 urllib 或 requests 请求。urllib 是 Python 的标准库，它提供了一系列操作 URL 的功能，可直接使用 urllib 请求页面。具体代码如下：

```
from urllib.request import urlopen
url = "https://docs.python.org/3.11/"
response = urlopen(url)
content = response.read()
# 需要解码
content = content.decode('utf-8')
print(content)
```

或者也可以使用如下代码进行请求：

```
import urllib.request
url = "https://docs.python.org/3.11/"
request = urllib.request.Request(url)
response = urllib.request.urlopen(request)
content = response.read().decode('utf-8')
#print(content)
print(response.geturl())
print(response.info())
### 打印请求状态码
print(response.getcode())
print(type(response))
```

requests 则比 urllib 模块更简洁。requests 支持 HTTP 连接保持和连接池，支持使用 cookie 保持会话，支持文件上传，支持自动响应内容的编码，支持国际化的 URL 和 POST 数据自动编码。requests 会自动实现持久连接 keep-alive。

requests 在 Python 内置模块的基础上进行了高度的封装，从而使得 Python 在进行网络请求时更人性化，使用 requests 可以轻而易举地完成浏览器可有的任何操作。使用 requests 进行请求的具体代码如下：

```
import requests
url = 'https://docs.python.org/3.11/'
headers = {
    'User-Agent': 'Mozilla/5.0 (Windows NT 10.0; Win64; x64) AppleWebKit/537.36
(KHTML, like Gecko) Chrome/68.0.3440.106 Safari/537.36'
}
res = requests.get(url, headers=headers)
print(res)
#<Response [200]>
```

（2）使用 BeautifulSoup 解析。BeautifulSoup 是一个可以从 HTML 或 XML 文件中提取数据的 Python 库，它能够通过转换器实现常用的文档导航、查找、修改功能。BeautifulSoup 能节省数小时甚至数天的工作时间。使用 BeautifulSoup 进行解析的具体代码如下：

```
import requests
from bs4 import BeautifulSoup
headers = {
    'User-Agent': 'Mozilla/5.0 (Windows NT 10.0; Win64; x64) AppleWebKit/537.36
(KHTML, like Gecko) Chrome/64.0.3282.119 Safari/537.36'
}
url = 'https://docs.python.org/3.11/'
```

```
Soup = BeautifulSoup(requests.get(url=url, headers=headers).text.encode("utf-8"), 'lxml')
Soup = BeautifulSoup(requests.get(url=url, headers=headers).text.encode("utf-8"), 'lxml')
li = Soup.find('li')
print(li)
##<li><a href="https://docs.python.org/3.11/">Python 3.11 (in development)</a></li>
```

（3）提取和存储。使用 CSS 选择器、XPath 表达式、正则表达式等方式，选中所需数据并采集该数据。把采集到的数据保存为 CSV 文件，或者存储进 MySQL、MongoDB 等数据库中。

2. Shell 脚本开发

由于大部分服务器都是部署在 Linux 上的，因此，Shell 脚本也是数据采集的一大利器。

通过一个 Shell 脚本获取每分钟服务器的信息，包括 CPU、内存、磁盘的使用率等。脚本内容如下：

```
#!/bin/bash
now=`date -u -d"+8 hour" +'%Y-%m-%d %H:%M:%S'`
# 内存空闲阈值
mem_warn='100'
# 磁盘使用阈值
disk_warn='90'
#CPU
TIME_INTERVAL=5
LAST_CPU_INFO=$(cat /proc/stat | grep -w cpu | awk '{print $2,$3,$4,$5,$6,$7,$8}')
LAST_SYS_IDLE=$(echo $LAST_CPU_INFO | awk '{print $4}')
```

```
LAST_TOTAL_CPU_T=$(echo $LAST_CPU_INFO | awk '{print $1+$2+$3+$4+$5+$6+
$7}')
sleep ${TIME_INTERVAL}
NEXT_CPU_INFO=$(cat /proc/stat | grep -w cpu | awk '{print $2,$3,$4,$5,$6,$7,$8}')
NEXT_SYS_IDLE=$(echo $NEXT_CPU_INFO | awk '{print $4}')
NEXT_TOTAL_CPU_T=$(echo $NEXT_CPU_INFO | awk '{print $1+$2+$3+$4+$5+$6+
$7}')  # 系统空闲时间
SYSTEM_IDLE=`echo ${NEXT_SYS_IDLE} ${LAST_SYS_IDLE} | awk '{print $1-$2}'`
#CPU 总时间
TOTAL_TIME=`echo ${NEXT_TOTAL_CPU_T} ${LAST_TOTAL_CPU_T} | awk '{print
WW1-$2}'`
CPU_USAGE=`echo ${SYSTEM_IDLE} ${TOTAL_TIME} | awk '{printf "%.2f", 100-
$1/$2*100}'`
echo "cpu ok!!!"
# 内存
item_mem () {
#MB 为单位
mem_free=`free -m | grep "Mem" | awk '{print $4+$6}'`
if [ $mem_free -lt $mem_warn  ]
  then
      echo "mem warning!!!"
  else
      echo "mem ok!!!"
fi
}
# 磁盘
item_disk () {
```

```
disk_use=`df -P | grep /dev | grep -v -E '(tmp|boot)' | awk '{print $5}' | cut -f 1 -d "%"`
if [ $disk_use -gt $disk_warn ]
  then
      echo "disk warning!!!"
  else
      echo "disk ok!!!"
fi
}
item_mem
item_disk
echo "$now   ${CPU_USAGE}%   ${mem_free}MB   ${disk_use}">> ./$(date
+%Y_%m_%d_%H).txt
```

（二）调度策略

1. 基于 Hera 的调度策略

随着业务发展，大数据平台每天承载着成千上万的 ETL 任务调度，这些任务集中在 Hive、Shell 脚本调度。如何准确地完成大量的 ETL 任务调度而不出现问题，在任务调度执行出现错误的情况下，使任务能够完成自我恢复，甚至执行错误告警与完整的日志查询，这是一个需要重点关注的问题。Hera 任务调度系统就是在这种背景下诞生的，随着 Hera 集群动态扩展，可以承载成千上万的任务调度。Hera 是原生的分布式任务调度，可以快速地添加部署 worker 节点，动态扩展集群规模，并且支持 Shell、Hive 脚本调度，可以动态地扩展支持 Python 等服务器端脚本调度。

Hera 任务调度系统是对阿里开源调度系统 (zeus) 进行的二次开发，重写了 zeus 全部的核心任务调度功能，并扩展了许多基于通用业务场景的分布式任务调度。Hera 只负责调度及辅助，具体的计算还是要依靠 Hadoop、Hive、Yarn、Spark 等集群。所以，如果要执行 Hadoop、Hive、Spark 等任务，hera 系统的 worker 一定要部署在这些集群的某些机器之上。

Hera 任务调度系统立足于大数据平台，在开发过程中，原生地支持 Hive、Shell

脚本。此外，由于根据不同服务器端脚本通用的执行特性做了深度封装，因此理论上它可以支持任何能与 Shell 交互的语言。

在处理复杂任务依赖场景时，为了实现高效且灵活的错误应对，系统必须支持灵活的任务失败恢复机制。Hera 任务调度系统支持针对链路级别的任务实时恢复。构建分布式系统时，做集群容灾是无法避免的。在出现服务器宕机与网络闪断的情况下，要实现集群自动通信恢复，在通信恢复后任务重新恢复执行。在 Netty 通信机制的基础上，Hera 任务调度系统在网络闪断、机器单点故障宕机时，实现自动恢复通信与任务调度，能够最大限度地保证集群高可用。

2. 基于 Azkaban 的调度策略

常见的任务调度框架有 Apache Oozie、Azkaban、Apache Airflow、Alibaba Zeus。基于轻量可插拔，友好的 WebUI、SLA 告警，完善的权限控制和易于二次开发等优点，Azkaban 得到了广泛的应用。

Azkaban 是由 Linkedin 公司推出的分布式批量工作流任务调度器，用于在一个工作流内以一个特定的顺序运行一组工作流程。Azkaban 通过简单的 KV 方式生成任务，建立任务之间的依赖关系，并提供一个易于使用的 Web 用户界面来维护和跟踪工作流。

Azkaban 基于 Java 语言开发，易于二次开发并原生支持 Shell、Java、Hive 等作业。Azkaban 配置简单，任务作业依赖关系清晰，提供功能清晰、简单易用的 Web UI 界面，通过插件化的任务提交模块，支持可扩展的多任务提交。

Azkaban 适用于以下场景：结合 DataX、FlinkX 实现定时的数据采集服务；执行 Shell、Java、Hive、Hadoop 等任务；开发可复用的程序，通过 Azkaban 编排成工作流，执行批处理任务；对 Azkaban 进行二次开发，通过接口创建任务、调度任务、管理任务；将 Azkaban 作为数据平台的一部分，提供任务调度功能；基于 Azkaban 的异常处理、监控报警、审计日志，完善数据平台功能。

Azkaban 通过 Azkaban Server 和 Azkaban Executor 这两种角色进行调度管理。Azkaban Server 是 Azkaban 的管理服务，提供 Web UI，负责项目管理、权限管理、定时执行、进度跟踪、日志审计等；Azkaban Executor 负责工作流的提交和执行，搜集执行日志，也就是具体工作的节点，同时将工作流详情及节点和任务的状态信息等存储在 MySQL 上。

四、数据存储策略及实施方法

（一）数据存储策略

结构化数据存储于关系数据库中，而非结构化数据存储于非关系数据库中，两者最大的区别在于分析结构化数据与非结构化数据的便利性有所不同。针对结构化数据已有成熟的分析工具，但用于挖掘非结构化数据的分析工具正处于萌芽和发展阶段。

1. 结构化数据存储策略

结构化数据是高度组织和整齐格式化的数据，是可以放入表格和电子表格中的数据类型。它可能不是最容易找到的数据类型，但与非结构化数据相比，无疑是人们更容易使用的数据类型，计算机可以轻松地搜索它。

结构化数据也被称为定量数据，是能够用统一的结构加以表示的信息，如数字、符号。在企业应用项目中，一般使用关系数据库保存和管理这些数据，并且使用结构化查询语言（SQL）对其中的数据进行查询。结构化数据具有明确的关系，使得这些数据运用起来十分方便，不过在商业上的可挖掘价值比较差。

典型的结构化数据包括信用卡号码、日期、财务金额、电话号码、地址、产品名称等。结构化数据依赖于数据模型的建立，即确定数据怎么样被存储、处理和登录。

对于结构化数据，一般使用关系型数据库表示和存储，表现为二维形式的数据。数据以行为单位，一行数据表示一个实体的信息，每一行数据的属性是相同的。

2. 非结构化数据存储策略

非结构化数据本质上是结构化数据之外的一切数据。它不符合任何预定义的模型，因此被存储在非关系数据库中，并使用 NoSQL 进行查询。它可能是文本的或非文本的，也可能是人为的或机器生成的。简单地说，非结构化数据就是字段可变的数据。

非结构化数据不是那么容易组织或格式化的，收集、处理和分析非结构化数据是一项重大挑战。非结构化数据构成了网络上绝大多数的可用数据，并且数量每年都在增长。随着更多信息在网络上可用，大部分信息都是非结构化的，找到使用它的方法，已成为许多企业的重要战略。传统的数据分析工具和方法还不足以完成这项工作。

相对于传统数据库中的数据或者标记好的文件而言，非结构化数据由于非特征性和歧义性，会更难理解。非结构化数据包括所有格式的办公文档、文本、图片、XML、HTML、各类报表、图像和音频 / 视频信息等。

非结构化数据的增速非常惊人，远大于结构化数据。从日常生活中我们也可以察觉到这个趋势。十年前，网络上的视频数量很少且不流畅，而如今电脑、平板和手机上，到处充斥着各种各样的视频节目，其清晰度也显著提高。如果 VR 技术得到普及，满足其需求的视频内容将会更加丰富。如果没有工具来分析这些海量数据，企业数据的巨大价值将无法发挥。

非结构化数据总量巨大，动辄达到 PB 级别，对于超大规模集群的管理也面临巨大的挑战，不再是以前两台设备组成 HA 双机集群那么简单。存储数量巨大的数据，需要用通用服务器来控制费用，因此以往对硬件可靠性的关注会全面转移到对软件可靠性的关注上。考虑到任何硬件都随时可能被损坏，软件对这方面的管控就要更加复杂。如何把多台松耦合的设备组成一个紧密的集群，是分布式存储需要解决的难题。无论是商业分布式存储产品，还是 Gluster 和 Ceph 等开源项目，都已在分布式存储集群的管理方面取得了非常大的进展，大规模地应用在实际的生产数据管理中，但在结合具体项目实施的过程中，会遇到非常多的问题。一款看似稳定的产品换一个环境，就会暴露出许多性能问题，甚至稳定性问题。从更高的技术层面上来说，要解决松耦合设备组成一个统一集群稳定工作的问题，远比实现一台单机的网络存储复杂得多。

3. 半结构化数据存储策略

半结构化数据是介于完全结构化数据（如关系型数据库、面向对象数据库中的数据）和完全无结构的数据（如声音、图像文件等）之间的数据。半结构化数据是结构化数据的一种形式，它并不符合关系型数据库或以其他数据表形式关联起来的数据模型结构，但包含相关标记，用于分隔语义元素及对记录和字段进行分层。因此，它也被称为自描述的结构。半结构化数据属于同一类实体，可以有不同的属性。当它们被组合在一起时，这些属性的顺序并不重要。也就是说，在半结构化数据中，一般数据的结构和内容混在一起，没有明显的区分。典型的半结构化数据包括日志文件、XML文档、JSON 文档、Email 等。典型的应用场景包括邮件系统、WEB 集群、教学资源库、数据挖掘系统、档案系统等。半结构化数据是以树或者图的数据结构存储的数据，扩展性很好。

（二）数据存储实施方法

1. 结构化数据存储实施方法

结构化数据的存储，可以采用关系数据库、数据仓库和并行数据库等方法。

（1）关系数据库。数据库是一种主流的数据储存和管理技术，指的是以一定方式存储在一起、能为多个用户共享、具有尽可能小的冗余度、与应用程序批次独立的数据集合。在数据库的发展历史上，先后出现过网状数据库、层次数据库、关系数据库等不同类型的数据库。这些数据库分别采用了不同的数据模型，目前的主流数据库是关系数据库，它采用了关系数据模型来组织和管理数据。

目前市场上常见的关系数据库包括 MySQL、Oracle、SQL Server、DB2 及达梦数据库等。

（2）数据仓库。数据仓库是一个面向主题、集成、随时间变化但信息本身相对稳定的数据集合，用于对管理决策过程的支持。它主要有四个特点。

1）面向主题。数据仓库都是基于某个明确主题，仅需要与该主题相关的数据，其他无关的细节数据将被排除掉。

2）集成。从不同的数据源采集数据到同一个数据源，此过程会有一些 ETL 操作。

3）随时间变化。关键数据隐式或显式地随时间变化。

4）不可更新。数据装入以后，一般只进行查询操作，没有传统数据库的增、删、改操作。数据仓库的数据反映的是一段相当长的时间内历史数据的内容，是不同时间点的数据库快照的集合，以及基于这些快照进行统计、综合和重组的导出数据，而不是联机处理的数据。

数据仓库是数据库概念的升级。从逻辑上理解，数据库和数据仓库没有区别，都是通过数据库软件实现的存放数据的地方。只不过从数据量来说，数据仓库要比数据库庞大得多。数据仓库主要用于数据挖掘和数据分析，辅助做决策。

数据仓库的表结构是依照分析需求、分析维度、分析指标进行设计的。

数据仓库目前比较流行的产品包括 AWS Redshift、Greenplum 和 Hive 等。

（3）并行数据库。并行数据库是新一代高性能数据库系统，是在大规模并行处理计算机和集群并行计算环境的基础上发展起来的。

根据所在计算机的处理器、内存及存储设备的相互关系，并行数据库可以归纳为三种基本的体系结构。

1）共享内存。该结构由多个处理器、一个全局共享的主存储器、多个磁盘存储组成。各个处理器通过高速通信网络与共享内存连接，并均可直接访问系统中的一个、多个或全部磁盘存储。在系统中，所有的内存和磁盘存储均由多个处理器共享。提供数据库服务的处理器通过全局共享内存交换消息和数据，通信效率高，实现查询内部和查询之间的并行性不需要额外的通信开销。数据库数据存储在多个磁盘上，可被所有处理器访问。此结构硬件成本高，处理器数量增加导致内存争用，系统中处理器数量受到限制，可扩充性差。由于共享内存机制，内存错误会直接影响系统。

2）共享磁盘。此结构由多个拥有独立内存的处理器和多个磁盘组成，各个处理器之间没有直接的信息和数据交换，每个处理器都可以读写全部磁盘。处理器与磁盘由高速通信网络连接。此结构经常用于实现数据库集群，硬件成本低、可扩充性好、可用性强。但是由于多个处理器共享磁盘存储，当处理器增加时，可能发生磁盘争用会导致性能问题。磁盘存储中的数据被复制到处理器高速缓冲区进行处理，会出现多个处理器同时对同一磁盘位置进行访问和修改的情况，最终导致数据的一致性无法保证。解决办法是增加一个分布式缓存管理器，对各个处理器的并发访问进行全局控制与管理。不过，这会带来额外的通信开销。

3）无资源共享。这种结构由多个处理节点构成，每个处理节点有自己独立的处理器、内存和磁盘。多个处理节点在处理器级上由高速通信网络连接，系统中各个处理器用自己的内存处理数据。在这种结构中，每个处理节点就是一个小型数据库系统，多个节点一起构成分布式的并行数据库系统。每个处理器使用自己的资源处理数据，不存在资源争用，能提高整体性能。这种结构具有优良的可扩展性，只需增加额外的处理节点，就可以以接近线性的比例提高系统的处理能力。

并行数据库的组织主要涉及并行粒度和操作算法问题。并行粒度包括不同用户事务间的并行、同一事务内不同查询间的并行、同一查询不同操作间的并行、同一操作内的并行。并行操作算法包括并行连接算法、并行扫描算法、并行排序算法等。

2. 非结构化数据存储实施方法

对于大量的非结构化数据的存储方案，底层存储大体可以分为四类，即对象存储、NoSQL 数据库、关系型数据库及大数据 Hadoop。

对象存储是一种扁平结构，其中文件被分解成碎片并分散在硬件中。在对象存储中，数据被分成称为对象的离散单元并保存在单个存储库中，而不是作为文件夹中的文件或服务器上的块保存。例如，阿里云对象存储就是基于对象存储的服务。

NoSQL 数据库的典型代表是 Bigtable、Dynamo 及 HBase。NoSQL 支持强大的水平扩展能力和高性能，与关系数据库不同的是，NoSQL 数据库采用更为灵活且适应性强的松弛一致性模型，不仅保证了系统的灵活性和可扩展性，还通过实现最终一致性来确保数据读取的一致性和可靠性。例如，Dynamo 为了提供高卓越的写性能，确保在购物高峰期，即便面对多用户并发的情况，也能有效避免因添加购物车操作失败而影响用户体验，必须采用最终一致性策略来优化性能。根据 CAP（Consistency、Availability、Partition tolerance 一致性、高可用性、分区容忍性）原理，即 Dynamo 牺牲了一致性，但是可以提供高可用性。另外，Dynamo 采用非集中化管理，使得每个节点都保持同等地位，充分利用分布式哈希表中的一致性哈希算法，使得 Dynamo 可以提供强大的可扩展性。HBase 可以提供强一致性，但是牺牲掉了一定的高可用性，比如存在单点故障。当一个 RegionServer 出问题或失去联系时，需要 master 来重新部署原 RegionServer 下面的 Region 到别的空闲的服务器下。这段时间无法与下面的 Region 联系。

对 HBase 中数据的读写首先是根据行键值或行键值域来检索。行键值是按照字典序排列的，针对同时访问的数据设计好相似的行键值，会相应地减少 I/O 操作。由于行区域到达一定大小时会分解并分布到集群中去，因此，在 HBase 中使用 B+ 树来存储某个区域的位置信息。在树顶是 root 表，保存了 META 表的 Region 信息，并且 root

表只有一个。META 表中存储着各个被划分的区域的信息，所以通过行健访问时，首先访问 root 表，再访问 META 表。由此，客户端访问数据需要经过多次的网络交互，可以使用缓存来提升访问速度。客户端采用 RPC（Remote Procedure Call，远程过程调用）机制与服务器端，即 master 或 RegionServer 进行通信。另外，HBase 还采用缓冲池来保持每次的连接，保证不必产生重新连接的时间开销。

客户端要求更新数据的时候，为了确保容错性，数据首先写入 HLog 中，当 HLog 写成功时，再写入 memstore。当数据量达到一定的大小时，会将内存刷新到本地磁盘中，形成存储文件，此时文件只是可读的。当存储文件的大小到达一定程度，会进行合并。这个合并将行键值相同的合并到一起，形成一个比较大的存储文件，这是一个对版本进行合并与删除的过程。所以从这个角度来看，HBase 是一个追加的过程。当存储文件的大小到达一定的阈值时，会分裂成两个存储文件并被组织成 HFile，以块的形式存在底层的 HDFS 上。

HBase 是面向列的存储，它在实际的物理存储器中是以列族的方式存储的，所以列族相同的会被存储在一起。与面向行的关系数据库比较，这会节省大量为空（未赋值或未使用）的属性。如今数据以 PB 级别在不断增长，怎样快速地存储、查找指定的文件是一个需要重点关注的问题。

HBase 一般设置行键作为主键来查找数据，而行键是按照字典序排的，同时 HBase 支持利用前缀来查找，所以合理利用行键会提高查找效率。例如，购物网站用户 HBase 表的行键是用户 ID，但是网站为了统计某个时间段的交易记录，可能会扫描整个表。我们可以设计另一张表，其主键是“时间 + 用户”，在 HBase 按前缀扫描时，所需要的数据可以聚拢在一起，这就减少了 I/O 次数。

HBase 为客户端供给一系列的 API 来访问数据。HBase 可使用一种 Coprocessor 协处理框架，它允许 HBase 管理员在 RegionServer 中载入定制的代码，从而可以实现一些聚合函数的功能，如行计数器、求最大值、最小值等。Coprocessor 的机制可以理解为在 RegionServer 端添加了一些回调函数。客户端可以在多个节点调用并且可以并行执行，不像以前那样把请求到的数据在客户端进一步执行，而是请求在各个 Region 中并发执行后，把结果直接返回给客户端，这样做大大提高了效率。

对于大量的数据存储与归档，Hadoop 毫无疑问是一个不错的选择。但是，Hadoop 是为大文件存储而设计的，在小文件存储中有着非常大的劣势，而且对于 HDFS 也存在一些缺陷。例如，NameNode 是一个中央元数据服务节点，也是集群管理节点，文件系统的元数据及块位置关系全部在内存中。NameNode 对内存的要求非常高，需要定制大内存的机器，内存大小限制了集群扩展性。NameNode 有一把 FSNameSystem 全局锁，每个元数据请求时都会加这把锁。虽然读写分开，且有部分流程对该锁的持有范围进行了优化，但是依然会存在锁竞争问题。HDFS 块大小默认为 128 MB，启动几百 PB 数据量的集群时，NameNode 需要接受所有块汇报才可以退出安全模式，因此启动时间会达数小时。

3. 半结构化数据存储实施方法

半结构化数据是一种结构变化很大的结构化数据。因此需要了解数据的细节，不能将数据简单地组织成一个文件按照非结构化数据处理，由于结构变化很大，也不能够简单地建立一个表与之对应。例如，存储员工的简历。每个员工的简历大不相同。有的员工简历很简单，可能只包括教育情况；有的员工简历却很复杂，可能包括工作情况、婚姻情况、出入境情况、户口迁移情况、技术技能等。通常要完整地保存这些信息并不容易，因为系统中表的结构在系统运行期间不容易变更，可以用以下两种方式储存这类数据。

（1）化解为结构化数据。这种方法通常是对现有简历中的信息进行粗略的统计整理，总结出所有的信息类别，同时考虑系统真正关心的信息。对每一类别建立一个子表，如教育情况子表、工作情况子表、婚姻情况子表等，并在主表中加入一个备注字段，将系统不关心的其他信息和开始没有考虑到的信息保存在备注中。这种方法的优点是查询统计比较方便，但是不能对扩展信息进行检索，不能很好地处理项目设计阶段没有考虑到但系统关心信息的存储。

（2）用 XML 格式来组织并保存到 CLOB 字段中。XML 可能最适合存储半结构化的数据，将不同类别的信息保存在 XML 的不同节点中即可。这种方法的优点是能够灵活地进行扩展，信息进行扩展时只要更改对应的 DTD（Document Type Definition，文件类型定义）或者 XSD（Xml Schema Definiton，可扩展标记语言架构）就可以了。缺点是查询效率比较低，要借助 XPATH 来完成查询统计。随着数据库对 XML 支持的提升，有望能够很好地解决性能问题。

五、数据采集项目案例

（一）需求分析

1. 业务需求说明

对于正在持续运行中的车辆联网联控系统的数据进行采集。该系统在上线运行后，产生了海量的车辆信息、车辆图片信息、车辆报警信息及车辆实时定位信息。这些数据分属于不同的结构数据，需要通过采集工具，将其采集进不同的存储数据库中。

2. 数据需求分析

对于结构化数据，处理流程相对简单，如车辆信息、驾驶员信息等采集存进结构化的数据库，如 MySQL 或者 Oracle 即可；对于非结构化的数据，如车辆图片信息，需要将其采集进 NoSQL 数据库中，如 HBase，后续查询的效率也不会低；对于半结构化的数据，也可采集进 HBase。至于实时的车辆定位信息，则采用 CDC（Change Data Capture，变更数据捕获）的方式对其进行热备份，实时采集进 MySQL 数据库。

（二）案例实施

1. 结构化数据存储

现需从 MySQL 采集一张车辆信息表到 Hive，MySQL 的表结构见表 5-3。使用 FlinkX 作为同步工具进行同步，只需定义任务 JSON 即可。

表 5-3　　MySQL 表结构（3）

序号	字段中文名	数据字典名	字段类型	是否非空	字段备注
1	车辆标识	vehicle_id	varchar(50)	NOT NULL	[主键]
2	车牌	vehicle_num	varchar(20)	NOT NULL	—
3	车辆颜色	vehicle_color	varchar(2)	NOT NULL	—
4	车辆类型	vehicle_type	varchar(5)	—	—
5	记录时间	record_time	datetime	—	—

需要创建一个 Hive 表 ods_vehicle，表创建语句如下：

```
-- 创建数据库
create database if not exists railway;
-- 创建表
create table railway.ods_vehicle(
        vehicle_id string,
        vehicle_num string,
        vehicle_color string,
        vehicle_type string,
        record_time timestamp)
    comment ' 车辆信息表 ';
row format delimited fields terminated by ',' stored as textfile;
```

用于同步的任务 JSON 文件是 mysql_vehicle_kafka.json，其内容如下：

```
{"job":{"content":[{"reader":{"parameter":{"password":"******","fetchSize":1024,"
column":[{"name":"vehicle_id","type":"string"},{"name":"vehicle_num","type":"char"},
{"name":"vehicle_color","type":"char"},{"name":"vehicle_type","type":"char"},{"name
":"record_time","type":"datetime"}],"connection":[{"jdbcUrl":["jdbc:mysql://ip:3306/
railway"],"table":["vehicle_info"]}],"username":"flinkx"},"name":"mysqlreader"},"writer":
{"parameter":{"path":"/user/hive/warehouse/railway.db/ods_vehicle","column":[{"na
me":"vehicle_id","type":"string"},{"name":"vehicle_num","type":"char"},{"name":"vehic
le_color","type":"char"},{"name":"vehicle_type","type":"char"},{"name":"record_time",
"type":"timestamp"}],"defaultFS":"hdfs://ip:8020","writeMode":"overwrite","fieldDelim
iter":",","fileType":"text"},"name":"hdfswriter"}}],"setting":{"errorLimit":{},"speed":{"byt
es":2097152,"channel":1}}}}
```

同步的命令如下：

```
bin/flinkx-mode local -jobType sync -job
demo/json/mysql_vehicle_kafka.json -flinkxDistDir flinkx-dist
```

任务启动后，会将 MySQL 的车辆信息表数据采集进 Hive 中。

2. 非结构化数据存储

现需从服务器采集某目录下的图片到 HBase 里，图片的路径为 /home/vehicle/photo，同步到 HBase 的表 vehicle_photo 内。使用 Python 脚本，遍历文件夹，将读取到的文件信息存入 HBase。HBase 的表结构见表 5–4。

表 5–4　　HBase 表结构（1）

序号	字段中文名	数据字典名	字段类型	是否非空	字段备注
1	主键	rowkey	varchar	NOT NULL	[主键]
2	文件大小	content:size	varchar	NOT NULL	—
3	文件名	content:imagename	varchar	NOT NULL	—
4	文件二进制	content:photo	Byte	NOT NULL	—

Python 脚本 photo_hbase.py 如下：

```
#!/usr/bin/env python
# 导包
import  time
import happybase
import base64
import os
# 获取格式化时间
dttime = time.strftime('%Y%m%d',time.localtime(time.time()))
local =  '/home/vehicle/photo/'
localpath = local + dttime
# print(localpath)
```

```
    # 获取 hbase 连接
    connection = happybase.Connection('demeter-cdh-3')# 其中的 b 表示二进制数据，
整个表都是二进制存储
    connection.open()
    # 获取表连接
    table = connection.table('vehicle_photo')
    # 遍历文件目录
    files= os.listdir(localpath)
    # 遍历文件夹
    for file in files:
    #     print(file)
        # 判断是否是文件夹，不是文件夹才打开
        if not os.path.isdir(file):
            f = open(localpath+"/"+file,'rb'); # 打开文件
            img = base64.b64encode(f.read())
            attribs = {}
            # content 是列族名，value 是可以自定义的列名，同一个表中的不同数据都
可以任意添加
            attribs['content:photo'] = img
            s=os.path.split(f.name)
            imagename=s[1]
            attribs['content:size']=str(len(img))
            attribs['content:imagename']=imagename
    #         print(attribs)
            table.put(dttime+'_'+imagename,data=attribs)
```

在 Python3 的服务器上执行 Python 命令：

```
python photo_hbase.py
```

任务启动后，读取 /home/vehicle/photo 目录下当天时间文件夹里的图片，并导入 HBase。

3. 半结构化数据存储

现需从服务器采集某目录下的 XML 文件到 HBase 里，XML 文件的路径为 /home/vehicle/custalert，同步到 HBase 的表 vehicle_alert 内。使用 Python 脚本，遍历文件夹，将读取到的文件信息存入 HBase。HBase 的表结构见表 5–5。

表 5–5　　HBase 表结构（2）

序号	字段中文名	数据字典名	字段类型	是否非空	字段备注
1	主键	rowkey	varchar	NOT NULL	[主键]
2	文件大小	content:size	varchar	NOT NULL	—
3	文件名	content:xmlname	varchar	NOT NULL	—
4	文件二进制	content:xml	byte	NOT NULL	—

Python 脚本 xml_hbase.py 如下：

```
#!/usr/bin/env python
# 导包
import  time
import happybase
import base64
import os
# 获取格式化时间
dttime = time.strftime('%Y%m%d',time.localtime(time.time()))
local =  "/home/vehicle/custalert/"
localpath = local + dttime
# 获取 hbase 连接
```

```
connection = happybase.Connection('demeter-cdh-3')# 其中的 b 表示二进制数据，整个表都是二进制存储
connection.open()
# 获取表连接
table = connection.table('vehicle_alert')
# 遍历文件目录
files= os.listdir(localpath)
# 遍历文件夹
for file in files:
    # 判断是否是文件夹，不是文件夹才打开
    if not os.path.isdir(file):
        f = open(localpath+"/"+file,'rb'); # 打开文件
        xmlfile= base64.b64encode(f.read())
        attribs = {}
        # content 是列族名，value 是可以自定义的列名，同一个表中的不同数据都可以任意添加
        attribs['content:xml'] = xmlfile
        s=os.path.split(f.name)
        xmlname=s[1]
        attribs['content:size']=str(len(xmlfile))
        attribs['content:xmlname']=xmlname
        table.put(dttime+'_'+xmlname,data=attribs)
```

在 Python3 的服务器上执行 Python 命令：

```
python xml_hbase.py
```

任务启动后，读取 /home/vehicle/custalert 目录下当天时间文件夹里的图片，并导入 HBase。

4. 数据迁移

现需从 MySQL Binlog 采集一张实时车辆定位信息表到 Kafka，MySQL 的表结构见表 5-6。使用 FlinkX 作为同步工具进行同步，只需定义任务 JSON 即可。

表 5-6 MySQL 表结构（4）

序号	字段中文名	数据字典名	字段类型	是否非空	字段备注
1	车辆实时标识	gps_id	varchar(50)	NOT NULL	[主键]
2	地区代码	area_code	varchar(100)	NOT NULL	—
3	车牌	vehicle_num	varchar(10)	NOT NULL	—
4	车辆颜色	vehicle_color	varchar(100)	NOT NULL	—
5	经度	longitude	double(9,6)	NOT NULL	—
6	纬度	latitude	double(5,2)	NOT NULL	—
7	记录时间	record_time	datetime	—	—

Kafka 的主题为 gps_rt。同步的 JSON 文件为 gps_rt.json，其内容如下：

```
{"job":{"content":[{"reader":{"parameter":{"password":"******","connectionCharset":"UTF-8","cat":"INSERT,DELETE,UPDATE","jdbcUrl":"jdbc:mysql://ip:3306/ods","host":"ip","table":["gps_rt"],"pavingData":true,"username":"root"},"name":"binlogreader"},"writer":{"parameter":{"producerSettings":{"bootstrap.servers":"ip:9092"},"topic":"gps_rt","encoding":"UTF-8"},"name":"kafkawriter"}}],"setting":{"speed":{"bytes":2097152,"channel":1}}}}
```

同步的命令如下：

```
bin/flinkx-mode local -jobType sync -job demo/json/gps_rt.json -flinkxDistDir flinkx-dist
```

任务启动后，会持续运行，把 MySQL 的数据同步到 Kafka 的主题中。

第二节　数 据 建 模

大数据处理过程包括数据采集、数据存储、数据计算、数据建模、数据分析等。在软件工程中，数据建模是运用数据建模技术，建立信息系统数据模型的过程。

本节从数据建模定义、建模方法及建模作用出发，介绍业务模型、领域模型、逻辑数据模型及物理数据模型的设计与开发。

一、数据建模概述

（一）数据建模定义及方法

1. 数据建模定义

数据建模是创建现实世界实体在信息系统内部的映像，以及映像间关系的可视化表示过程。数据建模目标是说明系统中使用和存储的数据实体种类、数据实体间的关系、数据实体和实体属性组织方式，以及实体属性数据类型和格式。

数据模型需围绕业务需求构建。数据模型规则和要求通过相关业务人员反馈预先定义，一般都会被纳入新系统设计中，也可在现有系统迭代中进行调整。

一般来说，数据模型随着业务需求变化而发展，在支持业务流程、规划 IT 架构及战略方面发挥重要作用。优秀的行业数据模型成果或数据建模方法论都可形成产品，与供应商、合作伙伴或行业同行共享。

数据仓库模型是数据模型中针对特定数据仓库应用系统的一种数据模型。通常，数据仓库模型分为 4 个层次：业务模型、领域模型、逻辑数据模型、物理数据模型。业务模型主要解决业务层面的分解和程序化；领域模型也称概念模型，主要对业务模型进行抽象处理；逻辑数据模型主要将概念模型实体及实体间的关系进行数据库层次逻辑化；物理数据模型解决逻辑数据模型针对不同数据库进行物理化及性能等具体技术问题。

2. 数据建模方法

数据建模采用标准化模式和形式化技术，并以一种通用、一致、可预测的方式定义和管理整个组织乃至其他组织的数据资源。

数据可在不同抽象层次上建模。该过程首先需从相关业务人员或最终用户收集有关业务需求信息，建立业务模型，将业务规则进行实体关系提炼，进一步抽象出领域模型；其次进行实体属性及关系类型细化，将领域模型进一步转换为逻辑数据模型；再次根据具体的数据库或数据存储要求，将逻辑数据模型转换为物理数据模型；最后用于具体数据库的设计和开发。

数据建模方法有很多，不同方法在本质上是从不同角度看待业务问题。常见建模方法包括范式建模、维度建模、Data Vault 模型、Anchor 模型。

（1）范式建模。范式建模法是“数据仓库之父”比尔·恩门（Bill Inmon）提出的，其将事物抽象为实体、属性、关系标识数据关联和事物描述。通常将这种对数据的抽象建模称为 E–R 模型，其数据建模的出发点是整合数据，将各系统数据从整个企业角度按主题进行组合或合并，并进行一致性处理，为数据分析决策服务。

（2）维度建模。维度建模在数据仓库领域提出，是目前较流行的数据仓库建模方法。维度建模从分析决策需求出发构建模型，重点解决如何快速完成分析需求，同时具有较好的大规模复杂查询响应性能。

1）维度建模常见步骤。

①选择需进行分析决策的业务过程。业务过程可以是单个业务事件，也可以是某个事件，还可以是系列相关业务事件组成的业务流程。

②选择粒度。在事件分析中，需预判所有分析需要细分的程序，从而决定选择粒度。粒度是维度的组合。

③识别维度表。选择粒度后，需基于粒度设计维度表，包括维度属性，用于分析时进行分组和筛选。

④选择事实。确定分析需衡量的指标。

2）维度建模分类。按照数据组织类型维度建模可分为星型模型、雪花模型、星座模型，具体如下。

①星型模型。主要是维度表和事实表，以事实表为中心，所有维度直接关联在事实表上，呈现星型分布。

②雪花模型。在星型模型基础上，维度表上又关联其他维度表。维度表设计符合三范式（Third Normal Form，3NF），更加规范，能有效降低数据冗余，且维度表间不会互相关联。但维护成本高，性能相对差一些。

③星座模型。星座模型是星型模型的扩展延伸，多张事实表共享维度表。一般采用降维操作，不符合三范式，通过利用冗余避免模型过于复杂，以提高易用性和分析效率。

（3）Data Vault 模型。Data Vault 模型是 Dan Linstedt 发起的一种模型，是 E–R 模型的衍生，设计出发点是实现数据整合。强调建立可审计的基础数据层，以及数据的历史性、可追溯性和原子性，不要求对数据进行过度的一致性处理和整合。

Data Vault 模型基于主题概念将企业数据进行结构化组织，引入更进一步的范式处理优化模型，从而有效应对源系统变更。Data Vault 模型由以下 3 个部分组成：

1）中心表。属于企业核心业务实体，由实体键、数仓序列代理键、装载时间、数据来源组成，不包含非键值以外的业务数据属性本身。

2）链接表。代表中心表间的关系。与 E–R 模型最大区别是将关系作为独立单元抽象，提升模型的扩展性。可直接描述 1∶1、1∶2、n∶n 的关系，无须做任何变更，由中心表代理键、装载时间、数据来源组成。

3）卫星表。数据仓库中数据的主要载体，包括对链接表、中心表的数据描述、数值度量等信息。

（4）Anchor 模型。Anchor 的初衷是设计一个高度可扩展模型，其核心思想是所有扩展只是添加而非修改，因此将模型规范到 6NF（第六范式），基本变成 k–v 结构化模型。

Anchor 模型一般由以下 4 个元素组成：

1）Anchors。类似 Data Vault 的中心表，代表业务实体，且只有主键。

2）Attributes。功能类似 Data Vault 的卫星表，但更加规范化，将其全部 k–v 结构化，一个表只有一个 Anchors 的属性描述。

3）Ties。表示 Anchors 之间的关系，单独用表描述，类似 Data Vault 的链接表，可提升整体模型关系的扩展能力。

4）Knots。代表那些可能会在多个 Anchors 中对公用属性的提炼，如性别、状态等枚举类型且被公用的属性。

在上述 4 个元素基础上，又可细分为历史和非历史对象，其中历史对象会以时间戳加多条记录方式记录数据变迁历史。

Anchor 模型虽然对 Data Vault 模型做了进一步规范化处理，但大大增加了连接操作数量，不太适合有较多连接操作的数据仓库。

（二）数据建模的作用

数据模型是数据组织和存储方法，从业务、数据存储架构和使用角度合理存储数据。只有数据模型将数据有序组织存储，才能高性能、低成本、高效率、高质量地使用数据。数据建模可解决以下 3 个方面问题。

1. 统一数据视图

数据建模能建立全方位数据视角，消灭信息孤岛和数据差异。通过数据模型建设，可为企业提供整体数据视角，各部门不再只是关注本部门的数据；勾勒出部门间的内在联系，可消灭各部门间的信息孤岛；能保证整个企业数据一致性，各部门间的数据差异问题能得到有效解决。

2. 定义数据信息需求

数据建模能帮助组织进行全面业务梳理，改进业务流程。在业务模型建设阶段，能帮助企业或管理机关对本单位的业务进行全面梳理。通过业务模型建设，能全面了解该单位的业务架构和业务运行整体情况，能将业务按特定规律进行分类和实现程序化。通过数据仓库模型建设，开发人员和业务人员能轻松达成对系统建设范围的界定以及长期目标规划，从而使项目组明确当前任务，加快整个系统建设速度。同时，可进一步改进业务流程，提高业务效率，指导业务部门的生产。

3. 整合数据来源

数据建模有助于数据仓库系统本身的建设。数据可能来源于不同类型的数据库环境，有不同的数据定义和数据标准，通过数据仓库模型建设，开发人员和业务人员能将数据来源进行整合，在整合过程中消除存放形式和标准差异。此外，数据建模能解决业务变动和数据仓库灵活性问题，使之能适应数据来源变化。通过数据模型建设，能很好分离出底层技术实现和上层业务展现。当上层业务或数据来源发生变化时，底层技术通过数据模型轻松实现相应变动，从而实现整个数据仓库系统的灵活性。

二、业务模型设计及开发

业务模型是在收集项目初始需求后，整理目标系统所在组织的业务流程，将组织面临的业务问题分析透彻，并探索自动化解决方案，确定清晰、合理的目标系统规格，最终形成可视化全局视图。

业务建模通常用于理解组织当前问题、确定业务需要，识别改进机会、软件系统融入方式，判断引入软件系统带来的影响，并确保客户、最终用户、开发人员和其他相关人员对组织目标有共同理解。一般采用 UML 进行业务建模。

（一）业务模型设计

业务建模是指对业务系统从静态和动态两个方面进行抽象，并用 UML 标记语言记录下来。根据业务系统特点，业务建模方法涵盖了多个关键建模元素，包括业务角色、业务实体、业务活动和业务流程等。这些元素通过图形化表示，如业务用例图、业务活动流程图等，得以直观展现，同时辅以业务实体名词清单来详细定义和说明各个元素。

建模本质是通过抽象获得被建模对象的关键要素，再基于特定目的和视角，利用图形把模型元素展示出来。图形和建模元素是关联关系，而非包含关系。业务模型及建模元素关系如图 5–4 所示。

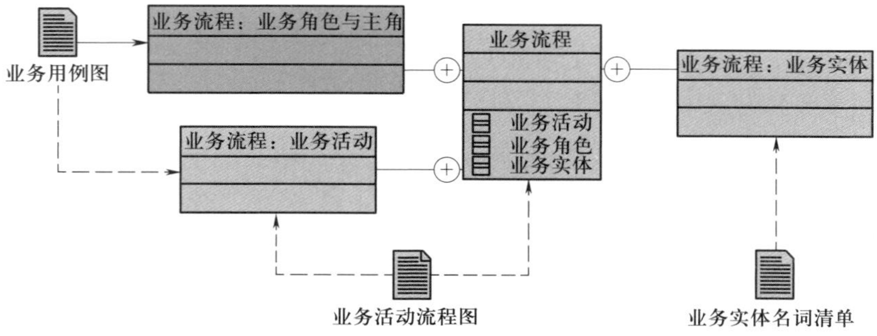

图 5–4　业务模型及建模元素关系

任何业务系统都涉及人员、信息、活动和流程，业务建模要素是业务角色（worker）与业务主角（actor）、业务实体（entity）、业务活动（activity）和业务流程（process）。表 5–7 总结了业务建模元素的图示、定义和范例。

表 5–7　　业务建模元素

名称	图示	定义	范例
业务角色与业务主角	 worker  actor	业务角色是指在组织内承担特定业务活动，并和其他业务角色进行交互的人或系统 业务主角代表与业务有关的角色，此角色由业务环境中的某个人或物来担任	快递员及寄件人
业务实体	 entity	业务角色在进行业务活动时使用或产生的事物	快递物品
业务活动	 activity	由特定业务角色进行，并具有明确的输入和输出任务	快递收件
业务流程	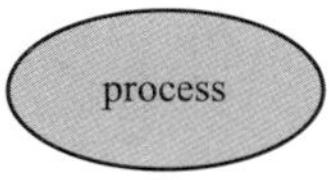	由一组业务角色通过执行系列业务活动操作业务实体，从而给外界提供有价值、可感知的服务或成果	快递寄件流程

业务角色（worker）代表业务中的一个或一组角色。参与业务用例实现时，一个业务角色和其他角色进行交互，并操纵业务实体。

业务主角（actor）代表与业务有关的角色，此角色由业务环境中的某个人或物来担任。

业务实体（entity）是业务角色在进行业务活动时使用或产生的事物，在表现形式上可以是一个文档，或是一个物品的一部分。

业务活动（activity）是由特定业务角色进行，并具有明确的输入和输出任务。为了描述的一致性和准确性，业务活动名称尽量采取动宾结构。

业务流程（process）是由一组业务角色通过执行系列业务活动操作业务实体，从而给外界提供有价值、可感知的服务或成果。

1. 确定业务角色

业务角色和业务主角的区别是一个在内部推动业务开展，另一个在外部参与业务交互。业务角色是实现业务用例的人，业务主角是和业务有关的人。

分辨业务角色和业务主角要看环境，当开发企业 ERP（Enterprise Resource Planning，企业资源计划）系统时，部门员工都属于业务角色；当开发一个部门级应用时，其他部门员工则可能属于业务主角。

确定业务角色时，一种方法是直接把业务角色对应到一个组织定义的岗位，该方法的不足是当组织机构或岗位发生调整时，业务角色及其相关活动、流程等也需进行相应调整；另一种方法是根据管理流程本质定义业务角色，该方法让流程定义更好适应组织机构变化。

一般建议采取第二种方法定义业务角色。以快递寄送为例，业务角色和业务主角见表 5–8、表 5–9。

表 5–8　　快递寄送业务角色

角色名称	活动	岗位
取件负责人	收取快递	快递员
寄件城市仓库负责人	将快递入仓	仓管员
运输负责人	运输快递	司机
收件城市仓库负责人	将快递入仓	仓管员
送件负责人	派送快递	快递员

表 5–9　　快递寄送业务主角

主角名称	活动
寄件人	寄快递
收件人	接收或拒收快递

2. 明确业务活动

以快递寄送为例，其所涉及的业务活动包括收取快递、将快递入仓、运输快递、派送快递等活动。

进行业务流程梳理时，应首先明确业务活动，然后再画业务流程活动图，这样有助于发现冗余的业务活动和在不同业务流程中重用的业务活动。以快递寄送为例，涉及的业务活动见表 5–10。

表 5–10　　快递寄送业务活动

活动名称	活动描述	输入	输出
收取快递	（1）向系统中录入物品信息、物流信息，产生快递单 （2）收取快递物品 （3）收取快递费用 （4）将快递物品送往仓库	物品及物流信息	快递单
将快递入仓	（1）向系统中录入运单入仓状态信息 （2）接受快递物品入仓	物流信息	物流信息
运输快递	（1）向系统中录入运单物流状态信息 （2）将快递物品装车 （3）将物品送往收件城市 （4）将快递物品卸车	物流信息	物流信息
派送快递	（1）向系统中录入运单送件状态信息 （2）从仓库取得快递物品 （3）将快递物品送至收件人	物流信息	物流信息
寄快递	（1）提供物品信息、物流信息 （2）交付快递物品 （3）支付快递费用	物品及物流信息	物流信息
接收或拒收快递	接收或拒收快递物品	物流信息	物流信息

3. 描述业务流程

快递寄送业务流程相关字段、描述与范例信息见表 5–11。

表 5–11　　快递寄送业务流程

字段	描述	范例
流程编号	流程的唯一标识	LBP001
流程名称	流程名称	快递寄送流程
流程简要描述	简要描述流程	从寄件人手中取得快递，并尽快交付到收件人手中，在收取费用同时保障客户体验

续表

字段	描述	范例
流程所有者	流程的主管部门，流程的制定者和主要执行者	操作部
流程业务目标	描述执行该流程期望达到的业务目标	实现快速高效配送
流程关键绩效指标	确定度量和评审流程绩效指标	物流从寄件到收件完成的持续时间；客户满意度

4. 确定业务实体

在快递寄送流程中，寄件人提供快递物品，收件员登记快递物品运单信息，因此可确定的业务实体是快递物品和运单。每个业务实体通常具有特定属性，如快递物品的业务实体属性包括物品名称、物品类型、物品重量等信息。

进行业务流程梳理时，经常忽视对业务实体的分析。要让业务流程落地，通常需借助信息系统，而业务实体对信息系统建设又至关重要。业务实体分析成果是实体名词清单。以快递寄送为例，该流程涉及的业务实体信息见表 5–12。

表 5–12　　快递寄送业务实体信息

实体名	属性	范例
快递物品	物品名称	手机
	物品类型	电子设备
	物品价值 / 元	1 000
	物品质量 /kg	1
运单	运单编号	KD000000001
	运单状态	已收件
	寄件人	张三
	寄件人联系方式	13XXXXXXXXX
	寄件时间	2021–11–01 10:00:00
	寄件人地址	XX 市 XX 街道 XX 小区 XXX 房间
	收件人	李四

续表

实体名	属性	范例
运单	收件人联系方式	14XXXXXXXXX
	收件时间	2021-11-03 16:00:00
	收件人地址	XX 市 XX 街道 XX 小区 XXX 房间
	运单费用 / 元	18

（二）业务模型开发

1. 绘制业务用例模型

用例图采用参与者和用例作为基本元素，以不同视角展现系统功能性需求。用例图是了解系统的第一个关口，通过用例图可得知系统将会做什么。对客户来说，用例图是业务领域的逻辑化表达，对建设单位来说，用例图是系统蓝图和开发依据。

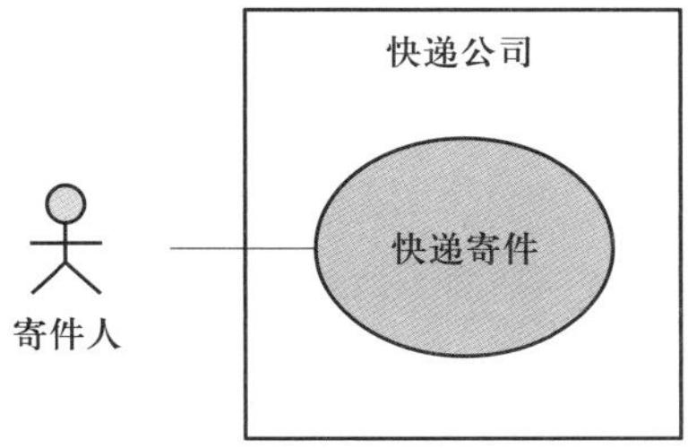

图 5-5　业务用例图

业务用例图是用例图的一种，属于业务建模环节，用图形化方式展现公司开展哪些业务，如图 5-5 所示。

2. 绘制业务流程模型

业务场景建模可使用时序图、交互图或活动图。最实用及必须掌握的是使用活动图绘制业务用例场景，活动图即经常见到的泳道图。

绘制业务流程模型的两个基本要求：一是必须忠实于真实业务；二是一个场景只能描述一种业务执行方式。也就是说，在描述业务场景时，不能带有“设计”思想，或试图抽象和优化业务过程，必须和客户认可的实际业务执行一致。同时，不要试图在一个场景里把业务的所有内容都包括进来，绘制出一幅充满判断分支像蜘蛛网一样的活动图。每个场景只针对一种业务执行方式，应清晰明了，业务流程图如图 5-6 所示。

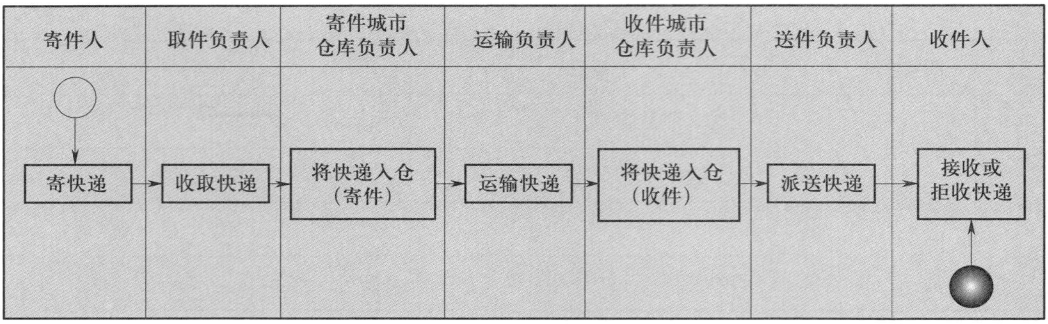

图 5-6　业务流程图

三、领域模型设计及开发

领域模型也叫概念数据模型，是对领域内的概念或现实中对象的可视化表示，提供系统包含哪些实体、如何组织，以及涉及哪些业务规则的全局视图。领域模型通常是在收集初始项目需求后，在创建业务模型过程中的进一步提炼。

领域模型通常包括实体（在业务中的重要数据对象）、实体特征和约束、实体间的关系，以及有关安全性和数据完整性要求。领域模型一般采用 E-R 或 COM 图进行建模。

领域模型有助于理解业务领域的关键概念和词汇，并缩小现实世界系统与数据模型间的表示差异。

（一）领域模型设计

业务模型是对业务概念及其关系的表达，而领域模型是在业务模型的基础上，用面向对象的分析与设计（Object-Oriented Analysis and Design，OOA/D）思想进一步精炼和抽象的对象关系模型。领域模型中有聚合、实体、值对象的区分。

（1）在业务模型中，可能会有快递员、仓储员、司机的业务概念，但在领域模型中，可能会将这些概念抽象为内部员工的模型。

（2）取件员去寄件人处取快递的场景，在业务模型中会存在 POS 机业务实体。而在领域模型中，可能会去掉 POS 机，因为其只是取件员收取费用的工具。系统设计目的可能只是想知道取件员收取多少费用，而不关心取件员如何收取。

领域模型在设计过程中涉及建模元素见表 5-13。

表 5-13　　领域模型建模元素

名称	图示	定义	范例
域	—	描述一个业务领域。在建模工具中，可通过域的定义圈定模型范围并描述相应规则	快递业务域
数据项	—	是一条基本信息，表示信息系统中的一个事实或一个定义。在建模工具中，可将数据项附加到实体，用于创建与数据项关联的实体属性	证件号码、性别等
实体	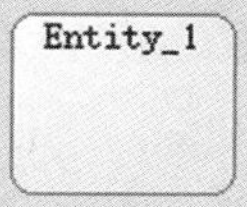	表示存储与其相关信息的对象。例如，在企业数据模型中，实体可是个人、部门、商品、账单等企业关注的事物	员工、快递物品、运单
实体属性	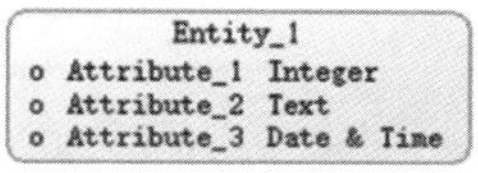	附加到某个具体实体，或与实体相关联或继承的数据项	证件号码、性别等
关系	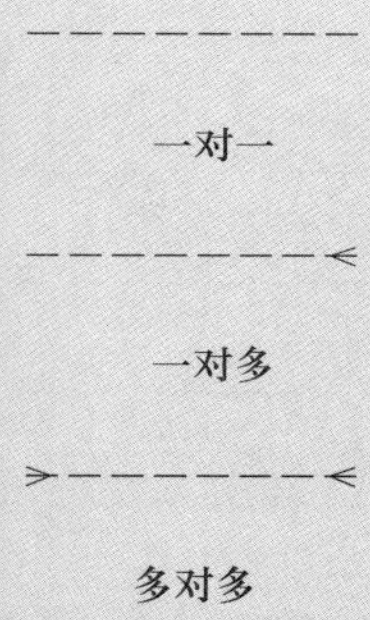	实体间的连接，可以为一对一、一对多、多对多等	客户、运单关系

域（domain）描述一个业务领域，在建模工具中，可通过域的定义，圈定模型的范围，描述相应的规则。

数据项（data item）是一条基本信息，表示信息系统中的一个事实或一个定义。在建模工具中，可将数据项附加到实体，用于创建与数据项关联的实体属性。

实体（entity）表示存储与其相关信息的对象。例如，在企业数据模型中，实体可是个人、部门、商品、账单等企业关注的事物。

实体属性（entity attribute）是附加到某个具体实体，或与实体相关联或继承的数据项。

关系（relationships）是实体间的连接，可以为一对一、一对多、多对多等。

1. 实体总结

领域模型实体总结主要包含两个比较重要的步骤。

（1）从业务描述中提取名词，总结业务实体，形成业务域实体（或称概念）集合。对于从业务模型中提取到的名词清单，根据经验进一步补充和提炼，形成业务域实体（或称概念）集合。以快递寄送为例，需在名词清单中补充如客户、会员、地域、员工等。领域模型业务实体属性清单见表 5-14。

（2）根据业务需求及经验从实体中进一步提炼出属性，并将属性与实体进行对应。在该阶段，因实体间关系尚不明确，所以可具有一定程度冗余，以避免重要属性被遗漏。

表 5-14　领域模型业务实体属性清单

实体	属性	范例
快递物品	物品名称	手机
	物品类型	电子设备
	对应运单编号	KD000000001
	物品价值 / 元	1 000
	物品质量 /kg	1
运单	运单编号	KD000000001
	运单状态	已收件
	寄件人	张三
	寄件人联系方式	13XXXXXXXXX
	寄件时间	2021-11-01 10:00:00
	寄件人地址	XX 市 XX 街道 XX 小区 XXX 房间
	收件人	李四
	收件人联系方式	14XXXXXXXXX
	收件时间	2021-11-03 16:00:00
	收件人地址	XX 市 XX 街道 XX 小区 XXX 房间
	运单费用 / 元	18

续表

实体	属性	范例
客户	姓名	张三
	联系方式	13XXXXXXXXX
	上一次寄件时间	2021-11-01 10:00:00
	地址	XX 市 XX 街道 XX 小区 XXX 房间
	寄件次数	5
	证件编号	XXXXXXXXXXX
	出生时间	XXXX-XX-XX
	性别	男
	年龄	25
会员	姓名	张三
	联系方式	13XXXXXXXXX
	会员开始时间	2021-11-01 00:00:00
	会员结束时间	2022-11-01 00:00:00
	会员折扣	7
	上一次寄件时间	2021-11-01 10:00:00
	地址	XX 市 XX 街道 XX 小区 XXX 房间
	寄件次数	5
	证件编号	XXXXXXXXXXX
	出生时间	XXXX-XX-XX
	性别	男
	年龄	25
地域	省	XX
	市	XX
	区县	XX
	街道	XX
	小区	XX
员工	员工编号	YG000000001
	员工状态	在职
	员工姓名	王五
	员工联系方式	13XXXXXXXXX

续表

实体	属性	范例
员工	员工入职时间	2019-11-01
	员工家庭地址	XX 市 XX 街道 XX 小区 XXX 房间
	员工岗位	快递员
	证件编号	XXXXXXXXXXX
	出生时间	XXXX-XX-XX
	性别	男
	年龄	26

2. 实体关系构建设计

（1）进行关系识别，确定模型间的关系。关系识别的关键是找准关系及关系类型，可先使用关系清单进行维护。比如，运单实体会和客户实体产生关系，一个客户可拥有多个运单。关系清单见表 5-15。

表 5-15　关系清单

实体名	属性名	实体名	属性名	关系类型
运单	客户 ID	客户	客户 ID	N : 1

（2）进行关联识别，确定模型中可能存在的关联关系及类型。比如，客户与多个客户间可能存在不同的关联关系，这时需建立一个关联对管理多对多关系。关联清单见表 5-16。

表 5-16　关联清单

实体名	被关联实体名	关联名称	关联类型
客户	客户	客户间关系	多对多

（二）领域模型开发

以 PowerDesigner 为例，创建领域模型的详细步骤如下。

（1）创建模型。单击“File”选项，在弹出菜单中单击“New Model”选项，如图 5-7 所示。

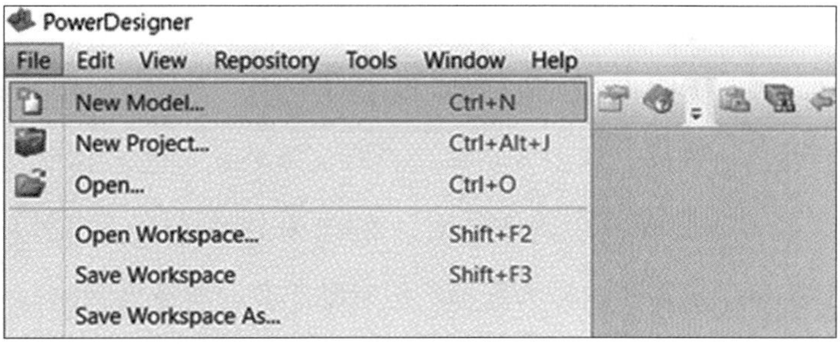

图 5–7　创建模型（1）

（2）在弹出的模型创建窗口中，选择“Information”，单击“Conceptual Data”（概念数据模型）按钮，在下方进行命名后单击“OK”按钮完成模型创建。此处可使用主题域名命名概念数据模型，如图 5–8 所示。

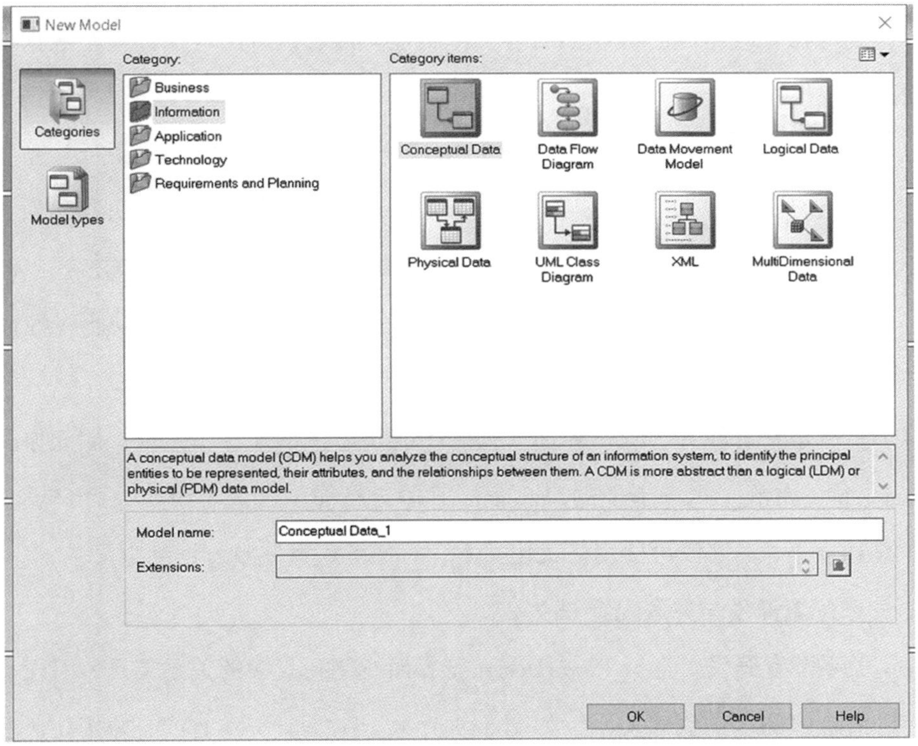

图 5–8　命名概念数据模型

1. 实体图属性配置开发

（1）数据项录入。选择“Model>Data Item”打开数据项列表，输入要定义的概念。每个数据项都是一条基本信息，表示使用业务术语定义的事实或定义。

数据项示例包括客户名称、订单编号和收件地址。数据项独立于任何实体，属于原始业务数据和术语，无须考虑实体最终如何使用它们。

（2）实体的创建。选择“模型 > 实体”打开实体列表，输入要定义的实体。实体示例包括客户、物品、运单。创建实体时，在 CDM 图中为每个实体创建一个符号。虽然创建数据字典不一定需要这样的图形，但有助于实现业务概念内容和结构可视化。

（3）实体属性的创建。双击界面或列表中的实体，打开其属性页，然后单击属性选项卡。实体属性提供实体和数据项间的链接。

可通过单击“Reuse Data Item”（重用数据项）按钮并选择要重用的数据项重用现有数据项，从而创建新属性。默认情况下，PowerDesigner 允许为多个实体属性重用数据项，如可定义邮政编码数据项，并在包含地址的任何实体中进行重用。若随后更新数据项，则所做更改将同时级联到所有实体属性。通过该方法可保证整个数据模型中数据项的一致性。

也可单击“Insert a Row”或“Add a Row”按钮，在列表中添加新行并输入适当名称，然后在此列表中创建数据项。用 PowerDesigner 创建属性和关联数据项，还可通过创建现有数据项副本创建新属性。单击“Add Data Item”按钮并选择要复制的数据项，通过此属性或直接对此数据项副本所做的任何更改，只会影响此属性而不会影响其他属性。

（4）实体定义和注释。双击界面或列表中的实体，打开其属性页，用无格式文本对“General”（常规）选项卡上的 Comment 字段进行简单、简短说明，而“Notes”选项卡上的 Description 字段可使用格式化文本，对业务进行完整、详细定义。

2. 关系配置开发与并联配置开发

（1）关系配置开发。选择 PowerDesigner 界面右侧托盘中的关系工具，可根据关系清单，对清单中的实体创建关系，如图 5-9 所示。在一个实体上单击并按住，然后将光标拖动到另一个图元并释放鼠标按钮。双击关系线条可打开关系属性表并指定关系属性，如关系名称、关系种类（一对多或一对一）等。

（2）并联配置开发。选择 PowerDesigner 界面右侧托盘中的关联工具，可根据关联清单，在界面中创建关联，如图 5-10 所示。

图 5-9　关系创建（1）

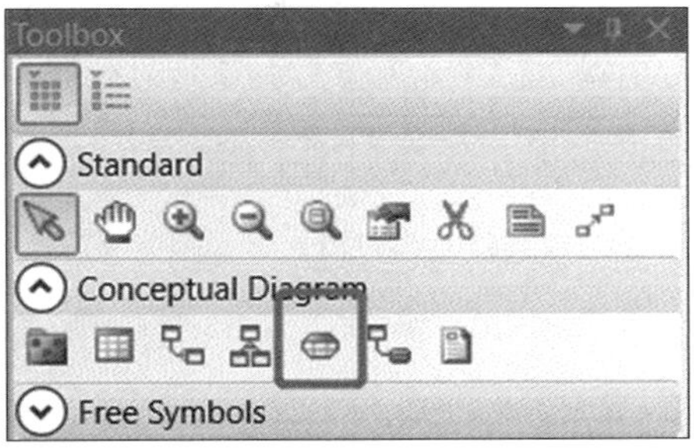

图 5-10　关联创建

选择 Association Link（关联链接工具），在一个实体上单击并按住，然后将光标拖动到某个关联上释放鼠标按钮。双击链接线条可打开链接属性表，设置链接属性，如链接名称、链接种类（一对多或一对一）等。

四、逻辑数据模型设计及开发

与领域模型相比，逻辑数据模型会更加具体，在领域模型基础上提供了领域中实体和关系的更多细节。逻辑数据模型会标明实体数据项内容及属性（如数据类型、长度等），并显示实体间更具体的关系。

逻辑数据模型无须指定任何数据库或系统环境。在高度程序化实施环境中，逻辑数据模型对本质上面向数据的项目（如数据仓库设计或报表系统开发）非常有用。

逻辑数据模型可用于分析信息系统结构，且独立于任何特定物理数据库。逻辑数据模型有实体标识符，没有领域模型那么抽象，没有对视图、索引，也不像物理数据模型那样能利用其他更具体元素建模。

（一）逻辑数据模型设计

逻辑数据模型建模元素主要包括以下几个方面。

（1）实体（entity）。实体是现实世界中的事物或概念，例如员工、客户、产品等。在逻辑数据模型中，实体被抽象为具有共同特性的对象的集合。

（2）属性（attribute）。属性是描述实体特性的数据项。例如，员工实体可能具有姓名、年龄、性别等属性。

（3）关系（relationships）。关系描述了两个或多个实体之间的联系。这些关系可以是直接的（如员工与客户之间的订单关系），也可以是间接的（如通过其他实体建立的联系）。关系可以是一对一、一对多或多对多的。

（4）键（key）。键是用于唯一标识实体的属性或属性组合。主键是唯一标识每个实体的键，而外键则用于建立实体之间的关系。

（5）数据类型（data type）。数据类型定义了属性的值域，即属性可以取哪些值，如姓名属性可能是字符串类型，而年龄属性可能是整数类型。

（6）完整性约束（integrity constraint）。完整性约束是确保数据准确性和一致性的规则。例如，主键约束确保每个实体的主键值是唯一的，外键约束确保关系中的引用是有效的。

在逻辑数据模型建模过程中，上述元素共同构成了数据的抽象表示，为数据仓库、数据库或信息系统提供了基础结构。通过明确这些元素，我们可以更好地理解数据、组织数据，并优化数据处理过程。

1. 建模方法确定和主题域设计

进行逻辑数据模型设计前，需确定建模方法并进行主题域划分。

可根据建立数据模型的目的选择建模方法，最常用建模方法是 Bill Inmon 的三范式建模方法和 Ralph Kimball 的维度建模方法。若建立 E–R 模型的出发点是将各系统数据从整个企业角度按主题进行组合或合并，并进行一致性处理，为数据分析决策服务，则可选择三范式建模；若以分析决策需求出发构建模型，需重点解决如何快速完成分析需求，还需同时具备较好的大规模复杂查询响应性能，则可选择维度建模。

在三范式建模方法中，主题域可按事物本质进行抽象提炼，如可分为团体、订单、内部机构、渠道、物品、财务、区域等。因此，即使组织中的业务模式或数据来源不同，也可将数据归到相应主题，并进行逻辑数据模型主题域（见表 5–17）一致性整合。

表 5–17　逻辑数据模型的主题域

主题域名	主题域编号	主题域描述
团体	D01	存放客户、内部机构及相关信息
订单	D02	存放订单及订单相关信息

在维度建模方法中，主题域可按业务过程进行抽象提炼。业务过程可以是单个业务事件，也可以是某个事件，还可以是系列相关业务事件组成的业务流程。如对于快递寄送，可分为寄件主题域、仓管主题域、运输主题域等，分别围绕寄件、仓管、运

输相关业务事件进行建模分析。

2. 实体粒度划分和实体属性完善

分析实体粒度，补充不同粒度的实体，并对相应属性进行补充完善。例如，员工可划归到岗位，也可划归到小组，小组可进一步划归到部门，因此可增加岗位实体、小组实体和部门实体，以便对不同岗位、不同小组或部门员工进行分析。

分析概念模型的关联清单，将关联实体化，并设置相应关联属性，如可增加客户关系表，并描述客户间的各种关系。此外，逻辑数据模型也需对实体属性进行补充，一方面需补充实体的唯一标识属性，如客户编号、物品编号、部门编号等；另一方面需对属性数据类型及长度进行定义。逻辑数据模型的业务实体和属性清单见表 5–18。

表 5–18　逻辑数据模型的业务实体和属性清单

实体名	主题域	属性	数据类型	是否主键	范例
部门	团体	部门编号	varchar(20)	Y	BM001
		部门名称	varchar(20)		财务部
岗位	团体	岗位编号	varchar(20)	Y	GW001
		岗位名称	varchar(20)		仓管员
员工	团体	员工编号	varchar(20)	Y	YG000000001
		员工状态	varchar(10)		在职
		员工姓名	varchar(20)		张三
		员工联系方式	varchar(20)		13XXXXXXXXX
		员工入职时间	date		2019-11-01
		员工家庭地址	varchar(50)		XX 市 XX 街道 XX 小区 XXX 房间
		员工部门	varchar(20)		BM001
		员工岗位	varchar(20)		GW001
		证件编号	varchar(20)		XXXXXXXXXXX
		出生时间	date		XXXX-XX-XX
		性别	varchar(2)		男
		年龄	integer		26

3. 关系识别与继承识别

（1）进行关系识别，并确定模型间的关系。关系识别关键是找准关系及关系类型，可先使用关系清单进行维护。比如，运单实体会和客户实体产生关系，一个客户可拥有多个运单，即客户“1”对应运单“*n*”。需要注意的是，在关系构建完毕后，可能需对上一个清单进行属性补充，如在运单属性中增加客户 ID 属性，用于 1 对 *n* 关系的实现。关系清单见表 5–19。若选择了三范式建模，则在不影响业务使用前提下，可能还需在实体属性清单上删除一些冗余属性。

表 5–19　　关系清单

实体名	属性名	实体名	属性名	关系类型
运单	客户 ID	客户	客户 ID	*n*：1

（2）进行继承识别，并确定模型中可能存在的继承关系及继承类型。例如，会员实体事实上继承客户实体，因为没有其他实体与会员实体范围产生互斥，会员实体也不能覆盖所有客户实体，不互斥也不完备，因此此处继承关系可理解为标准继承。继承关系构建完成后，可能需对上一个清单进行属性补充或冗余删除，如在会员属性中增加客户 ID 属性，同时移除会员实体中的客户姓名、电话、地址、证件编号等客户公共属性。继承清单见表 5–20。

表 5–20　　继承清单

实体名	被继承实体名	继承类型
会员	客户	标准继承

（二）逻辑数据模型开发

以 PowerDesigner 为例，创建逻辑数据模型的详细步骤如下。

（1）单击“File”选项，在弹出的菜单中单击“New Model”选项。创建模型如图 5–11 所示。

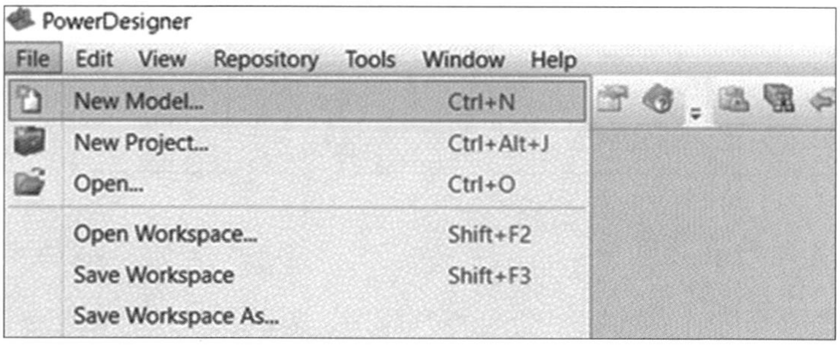

图 5–11　创建模型（2）

（2）在弹出的模型创建窗口中，选择“Information”，单击“Logical Data”（逻辑数据模型）选项，在下方进行命名后单击“OK”完成模型名称设置，如图 5–12 所示。

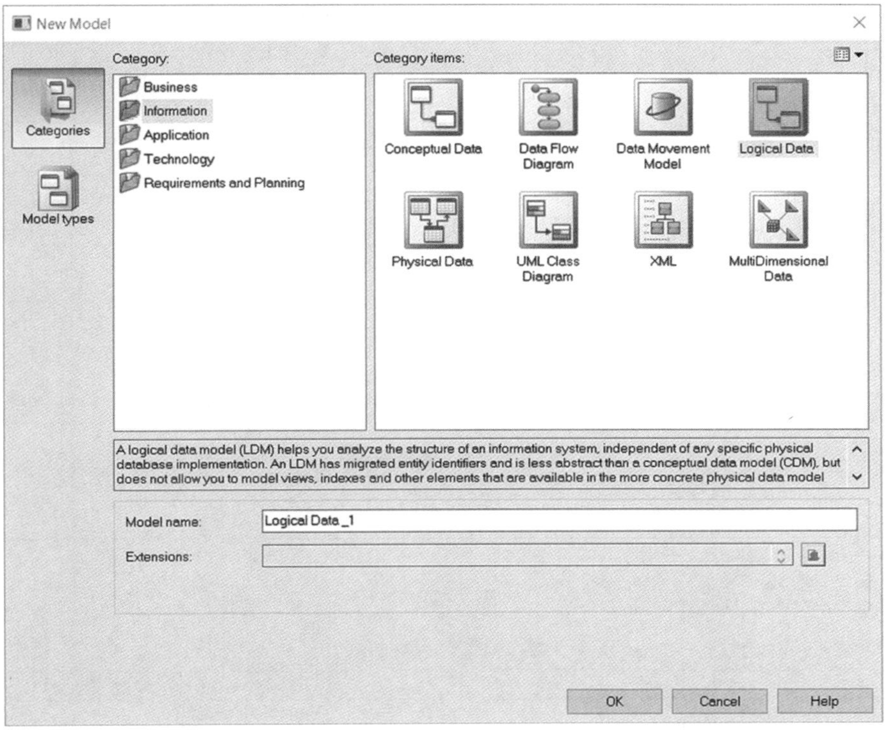

图 5–12　设置模型名称（1）

除新建外，也可使用菜单 Tools –> Generate Logical Data Model 从已建立的概念数据模型进行转化。

1. 实体与实体属性创建

（1）实体创建。打开实体列表（见图 5–13），并根据实体清单输入要定义的实体。实体示例包括客户、快递物品、运单等。创建实体时，将在逻辑数据模型图中为每个实体均创建一个符号。

（2）实体属性创建。双击界面或列表中的实体，打开其属性页，然后单击属性选项卡。通过单击“Insert a Row”或“Add a Row”按钮，在列表中添加新行并输入适当名称，在此列表中创建实体属性，并设置属性的数据类型、长度、是否主键等。创建实体属性如图 5–14 所示。

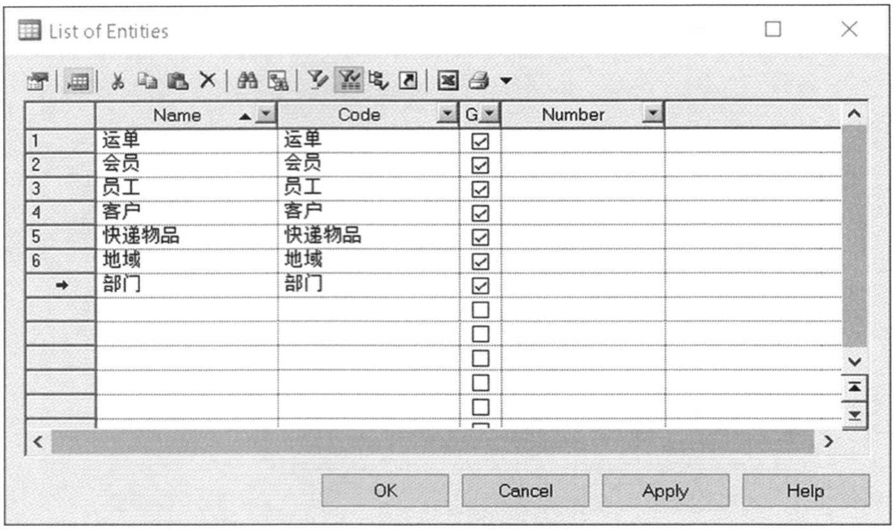

图 5-13　实体列表

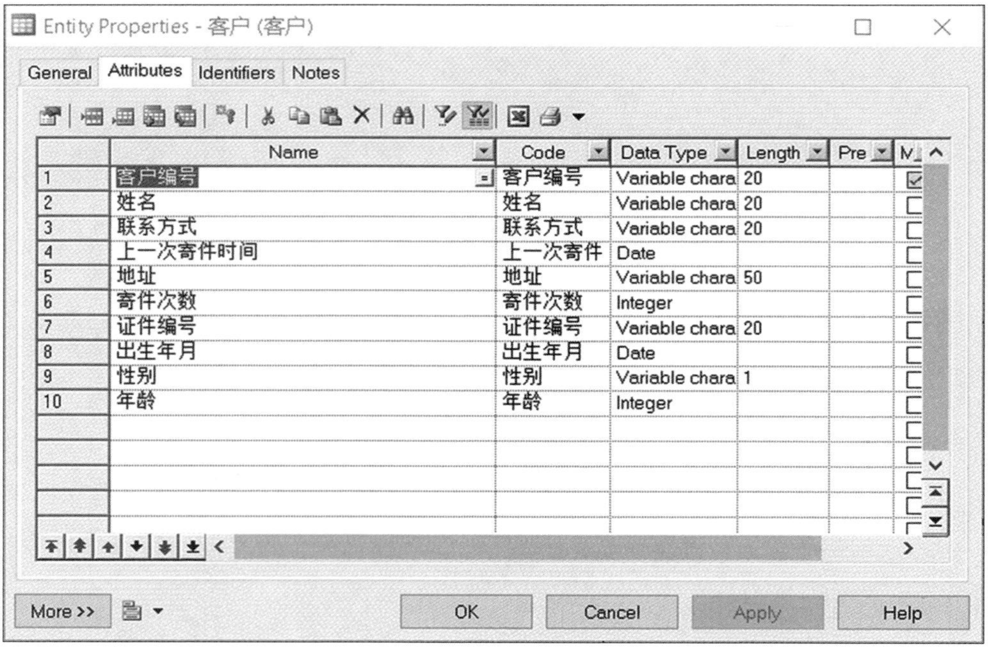

图 5-14　创建实体属性

（3）实体的定义和注释。双击界面或列表中的实体，打开其属性页，对于“General”（常规）选项卡上的“Comment”字段可使用无格式文本进行简短说明，“Notes”选项卡上的“Description”字段则可使用格式化文本对业务进行完整详细的定义。

2. 实体关系配置与继承关系配置

（1）实体关系配置。选择 PowerDesigner 界面右侧托盘中的关系工具，可根据关系清单，对清单中的实体创建关系，如图 5–15 所示。在一个实体上单击并按住，然后将光标拖动到另一个图元并释放鼠标按钮。双击关系线条可打开关系属性表并指定关系属性，如关系名称、关系种类（一对多或是一对一）等。关系整体信息配置、关系属性配量及关系类型配置分别如图 5–16、图 5–17 和图 5–18 所示。

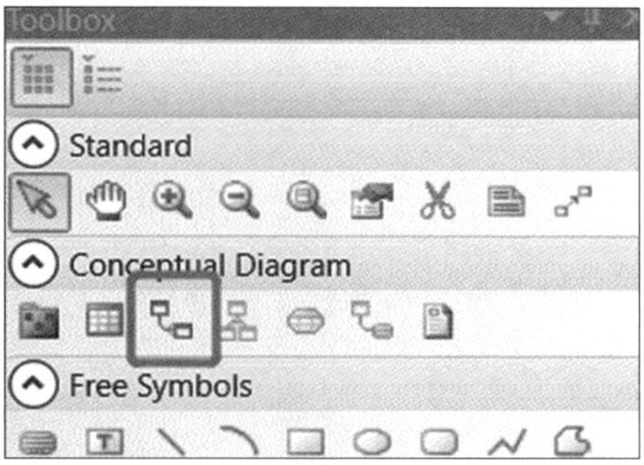

图 5–15　关系创建（2）

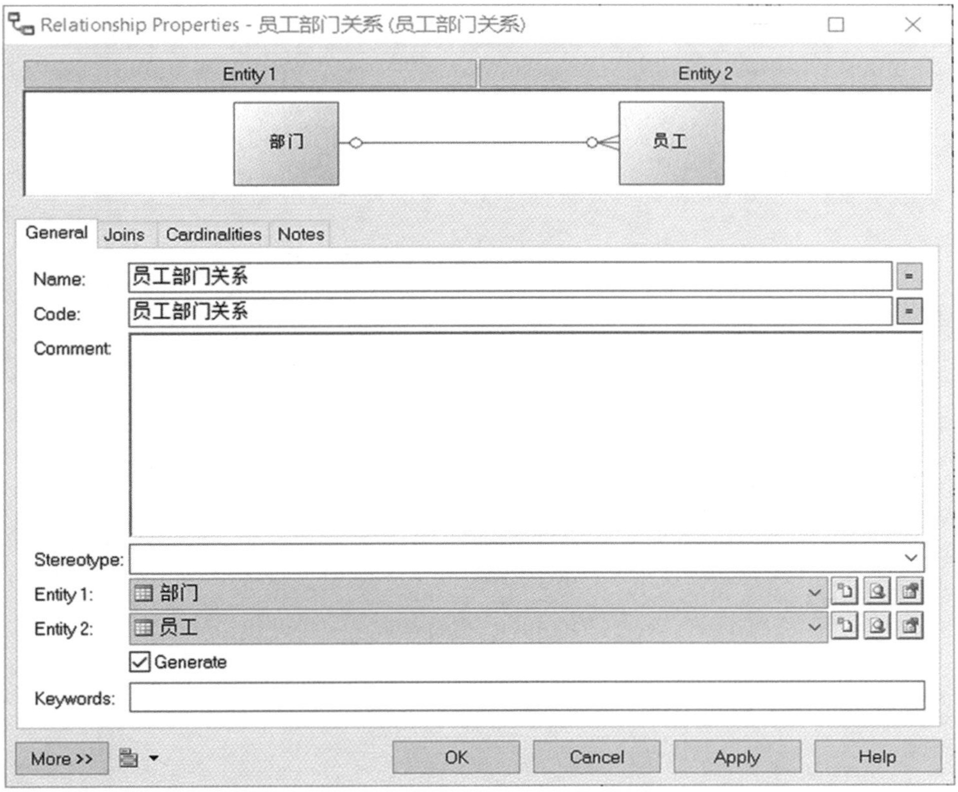

图 5–16　关系整体信息配置

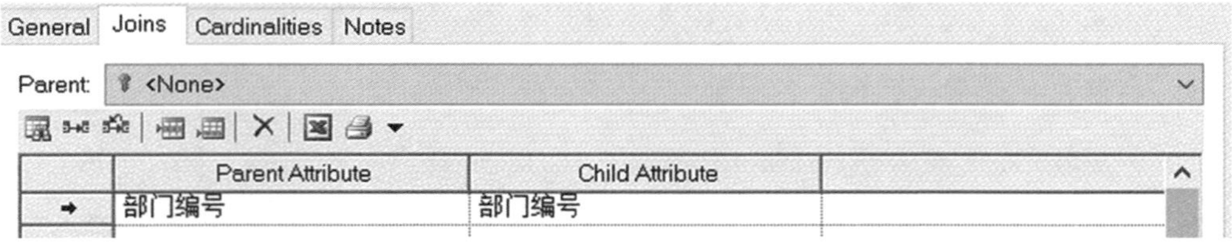

图 5-17　关系属性配置

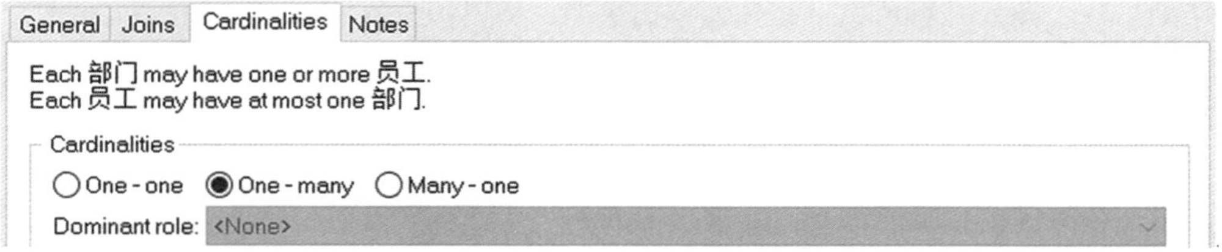

图 5-18　关系类型配置

（2）继承关系配置。选择 PowerDesigner 界面右侧托盘中的继承工具，可根据继承清单，对清单中的实体创建继承，如图 5-19 所示。在一个实体上单击并按住，然后将光标拖动到另一个图元并释放鼠标按钮。双击界面中继承图标，可打开继承属性表并指定继承属性，如继承名称、关系种类（标准、互斥或完备）等。

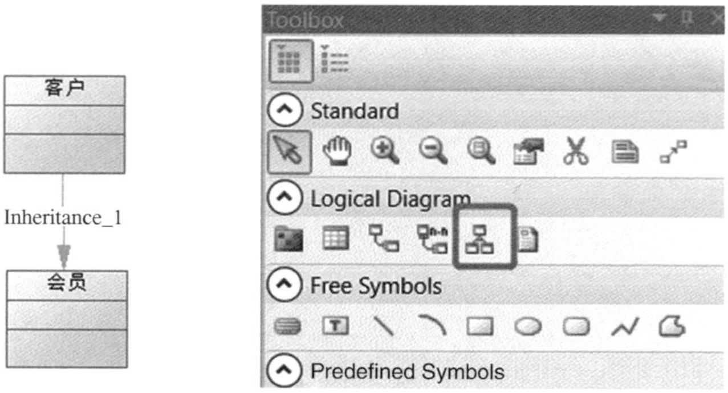

图 5-19　创建继承

五、物理数据模型设计及开发

物理数据模型是逻辑数据模型在某个具体数据库平台上的落地形式，需考虑数据库类型、数据存储方式、查询优化等更多细节。逻辑数据模型实体对应物理数据模型数据表，逻辑数据模型属性对应物理数据模型的数据字段，逻辑数据模型中的关系在物理数据模型中体现为主键和外键。物理数据模型需要体现可能用到的其他更具体元素，如表和字段命名规则、视图、索引、数据分区等。

物理数据模型在设计过程中主要涉及的建模元素见表 5–21。

表 5–21　　　　物理数据模型建模元素

名称	图示	定义	范例
域	—	描述一个业务领域，在建模工具中，可通过域的定义圈定模型范围，并描述相应规则	快递业务域
主题域		定义相关数据主题	团体、订单等
表		物理数据模型中最基本的存储结构，用于存储数据记录。每个表都有一组预定义的列（字段），每列都有特定的数据类型，以及可能的约束条件	员工、快递物品、运单
字段	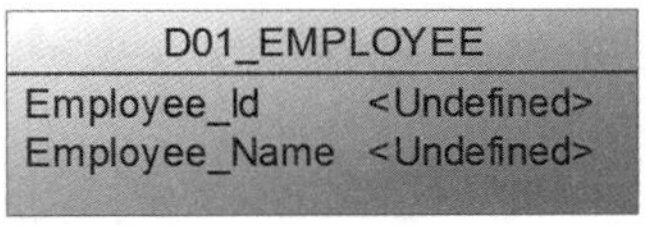	表中的一列，用于存储特定类型的数据。每个字段都有一个名称和数据类型，以及可能的约束条件（如非空、唯一等）	证件号码、性别等
唯一标识	—	一个或多个实体属性，其值能唯一标识实体的每次出现。每个实体须至少有一个标识符。若实体只有一个标识符，则默认情况下将其指定为主标识符	客户 ID、员工 ID 等
视图		也称虚拟表，查询返回结果可由多张表组成	—

域（domain）描述一个业务领域，在建模工具中，可通过域的定义圈定模型范围，并描述相应规则。

主题域（area）定义相关数据主题，如团体、订单等。

表（table）表示物理模型中，要在某种数据库中存储相关信息的数据结构，与逻辑模型的实体通常能一一对应。

字段（column）是在物理数据模型中，用于存放不同数据的列，与逻辑模型的实体属性大多能对应，一般在表中罗列在表名称下方。

唯一标识（indentifier）是一个或多个实体属性，其值能唯一标识实体的每次出现。每个实体须至少有一个标识符。若实体只有一个标识符，则默认情况下将其指定为主标识符。

视图（view）也称虚拟表，查询返回结果可由多张表组成。

（一）物理数据模型规划与设计

1. 物理数据模型规划

物理数据模型设计前需对整体进行规划，并考虑如下事项。

（1）数据存储空间。数据未来将存放在服务器的存储端，存放空间与后续设备的投入成本息息相关，因此需对数据未来一段时间的存储空间进行规划，并考虑随着后续业务开展和数据积累如何进行扩展，且在做好扩容计划的同时，提高存储利用效率，尽可能降低存储的投入成本。

（2）数据存放周期和更新频次。一方面需考虑存储空间情况，另一方面受业务使用场景的约束。数据存放周期一般可根据时间远近进行划分，常见存放周期可是存放近一月内的每日数据、近三年内的每月月末数据、近十年内的每年年末数据等，而在此范围外的数据需设定定时任务自动删除。常见数据更新频次有按日更新、按月更新、按小时更新。

（3）数据更新方式。数据更新方式有增量更新与全量更新两种。增量更新占用空间少，但是数据处理规则较为复杂。全量更新可保留历史数据，也可不保留历史数据而直接替换，需根据数据用途确定。全量更新数据加工简单，但若保留历史，数据冗余大，占用空间多。因此，数据更新方式需根据存储空间情况及加工所需投入总体权衡选择。

（4）数据查询优化。设计物理数据模型时，需对后续业务使用进行一定程度的查询优化，如将常用字段集中并与不常用字段进行分离，建立视图对常用查询字段建立索引，针对 MPP 数据库设置分布键以确保数据平均分布在各节点，或对数据进行分区等。物理数据模型规划见表 5–22。

表 5–22　物理数据模型规划

实体名	存放周期	更新频次	更新方式	查询优化
部门	五年	日	全量	无
订单	五年	小时	增量	按日期分区

2. 物理数据模型设计

物理数据模型是基于逻辑数据模型在某个数据库平台的落地形式，因此，设计物理数据模型的过程，通常被称为逻辑数据模型的物理化过程，并且这个过程需要考虑模型命名的标准化。

目前绝大多数数据库不支持中文表名及字段名，因此物理化过程中很重要的一点是将表名和字段名转换为英文。因逻辑数据模型中实体对应到主题域，因此，物理数据模型的表也可用主题域进行管理，可先对主题域命名，然后在表名中加上主题域前缀。例如，若团体主题域命名为 D01，则客户主题域可以 D01 开头，命名为 D01_CUSTOMER。物理数据模型主题域命名、表命名分别见表 5–23、表 5–24。

表 5–23　物理数据模型主题域命名

主题域名	主题域命名	主题域编号	主题域描述
团体	PARTY	D01	存放客户、内部机构及相关信息
订单	ORDER	D02	存放订单及订单相关信息

表 5–24　物理数据模型表命名

实体名	表名
部门	D01_DEPARTMENT
岗位	D01_POSITION
员工	D01_EMPLOYEE

完成表的命名后可结合表名对字段命名，命名原则是贴近原意，可通过英文直接看出字段含义。可采用驼峰法命名，以便于阅读。对相同含义字段出现在不同表中的情况，需结合表名体现出两个字段的不同。这样查询使用时，不会轻易出现字段重复而需指定来源表的问题。物理数据模型表与字段命名见表 5-25。

表 5-25　物理数据模型表与字段命名

表名	主题域	字段名	字段	主键	范例
D01_DEPARTMENT	D01	Department_Id	varchar(20)	Y	BM001
		Department_Name	varchar(20)	—	财务部
D01_POSITION	D01	Position_Id	varchar(20)	Y	GW001
		Position_Name	varchar(20)	—	仓管员
D01_EMPLOYEE	D01	Employee_Id	varchar(20)	Y	YG000000001
		Employee_Status_Cd	varchar(10)	—	在职
		Employee_Name	varchar(20)	—	张三
		Employee_Tel	varchar(20)	—	13XXXXXXXXX
		Employee_Join_Dt	date	—	2019-11-01
		Employee_Addr	varchar(50)	—	XX 市 XX 街道 XX 小区 XXX 房间
		Employee_Department_Id	varchar(20)	—	BM001
		Employee_Position_Id	varchar(20)	—	GW001
		Employee_Id_Num	varchar(20)	—	XXXXXXXXXXX
		Employee_Birthday	date	—	XXXX-XX-XX
		Employee_Gender	varchar(2)	—	男
		Employee_Age	integer	—	26

（二）物理数据模型开发

以 PowerDesigner 为例，创建物理数据模型的详细步骤如下。

（1）创建模型。单击“File”选项，在弹出的菜单中单击“New Model”选项，如图 5-20 所示。

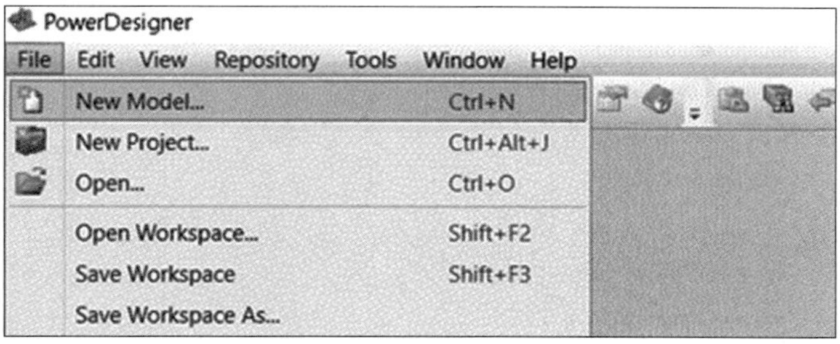

图 5-20　创建模型（3）

（2）在弹出的模型创建窗口中，选择“Information”文件夹，单击“Physical Data”（物理数据模型）选项。需要注意的是，因为物理数据模型和具体数据库的数据表一致，但各数据库的建表语句和相关机制不同，所以创建物理数据模型时需先选择使用哪一种数据库，然后在下方输入名称后单击“OK”按钮，完成模型创建。设置模型名称与选择数据库分别如图 5-21 和图 5-22 所示。

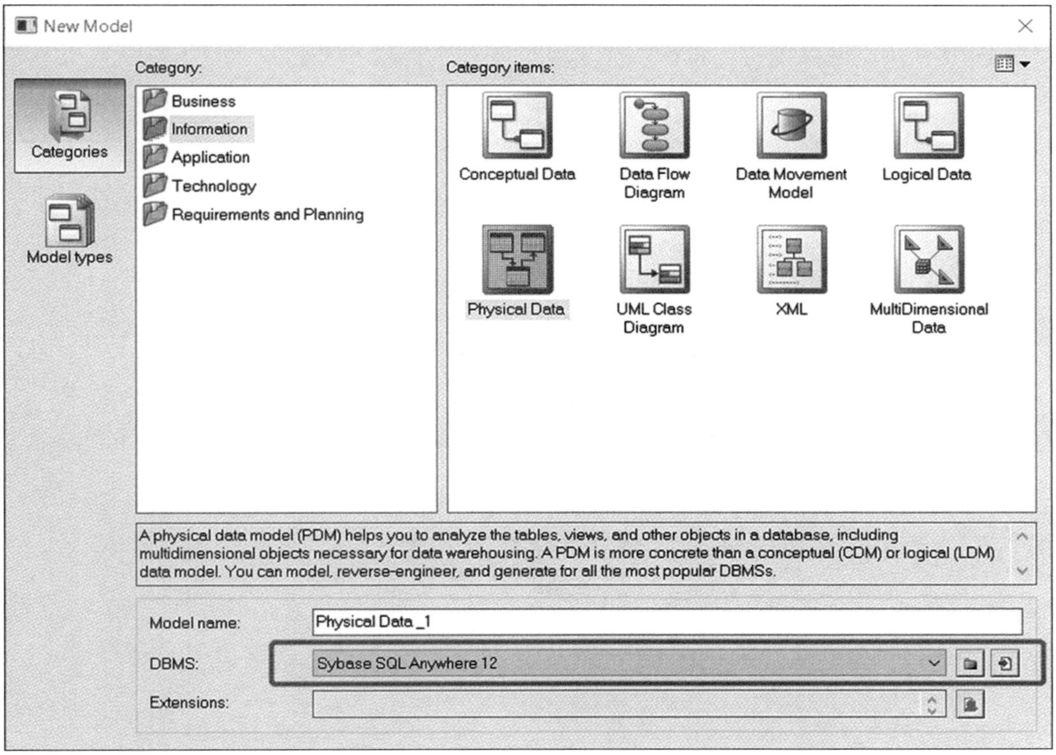

图 5-21　设置模型名称（2）

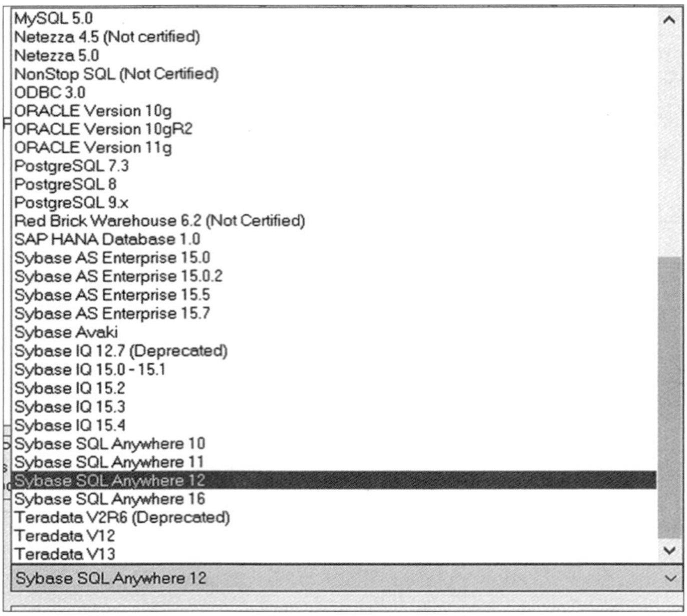

图 5-22　选择数据库

除新建外，也可使用菜单 Tools → Generate new Physical Data Model 从已建立的逻辑数据模型进行转化。这里也可对数据库类型进行选择，如图 5-23 所示。

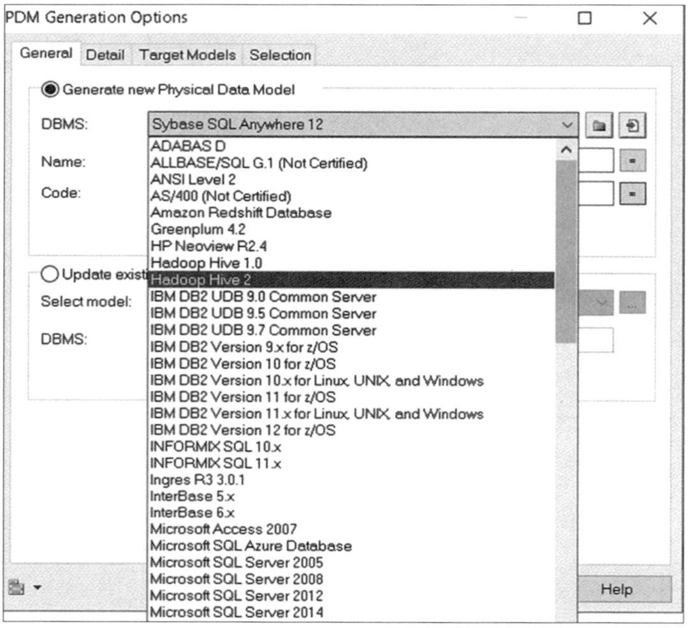

图 5-23　选择数据库类型

1. 创建

（1）主题域的创建。选择“Model”→“Area”选项打开主题域列表，根据主题域清单输入要定义的主题域，如 Party、Order 等。创建主题域时，物理模型图将为主题域创建符号，如图 5–24 所示。

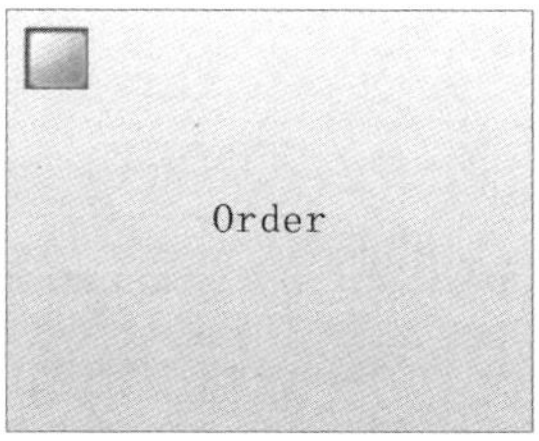

图 5–24　创建主题域符号

（2）数据表的创建。选择“Model”→“Tables”选项打开表的列表（见图 5–25），并根据实体清单输入要定义的实体。创建实体时，将为逻辑数据模型图中的每个实体创建一个符号。

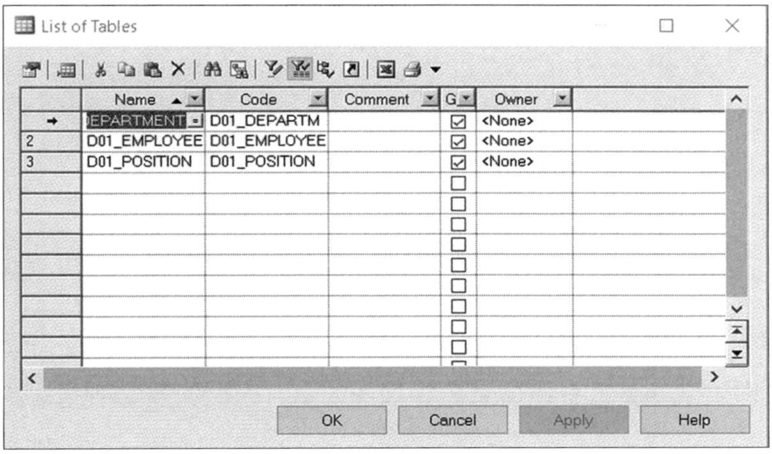

图 5–25　表的列表

创建表后，可将表拉入所属的主题域，如图 5–26 所示。

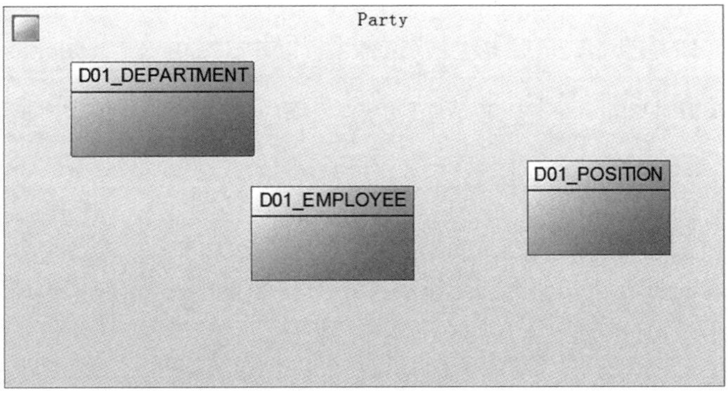

图 5–26　将表拉入所属的主题域

（3）字段的创建。双击界面或列表中的表，打开其属性页，单击“Columns”（列）选项卡。单击“Insert a Row”或“Add a Row”按钮，可在列表中添加新行，输入适当名称。在此列表中创建字段，并设置字段的数据类型、长度、是否主键等属性。

（4）表的说明。双击界面或列表中的表，打开其属性页，在“General”（常规）选项卡下的“Comment”（解释）字段中，可使用无格式文本对表进行简短说明，在“Notes”（注释）选项卡下的“Description”（描述）字段中，可使用格式化文本对表进行完整、详细的说明。

2. 物理模型优化

（1）视图的创建。选择 PowerDesigner 界面右侧托盘中的 View（视图）工具，可根据整理的视图清单进行视图创建，如图 5-27 所示。

双击界面中的视图图标或双击视图清单，可对视图字段或查询语句进行编辑。在 Hive 数据库中，建立物化视图（需在 Hive 2.0 环境或以上版本）能有效提升查询效率。关系整体信息配置如图 5-28 所示。

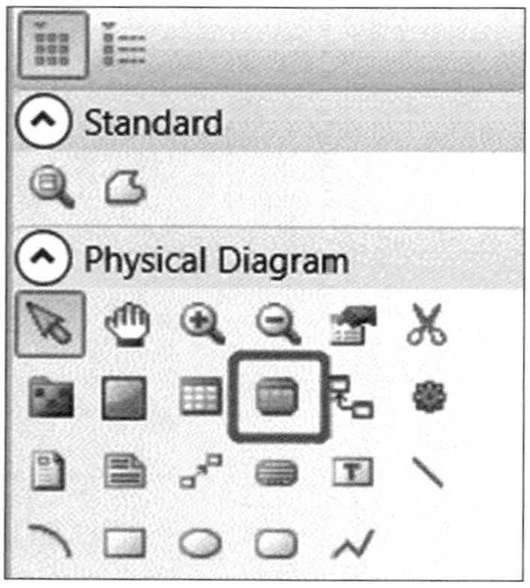

图 5-27　视图创建

（2）分区的创建。以 Hive 数据库为例，双击界面或列表中的表，打开其属性页，在“Partition”（分区）选项卡中可对分区机制进行定义。在 Hive 数据库中，合理分区有利于提升后续查询效率。分区创建如图 5-29 所示。

（3）DDL 语句的生成。完成物理数据模型开发后，可在“Database”（数据库）菜单中选择“Generate Database”（生成数据库）选项，在打开的对话框中将模型转为 DDL 文件，如图 5-30 所示。

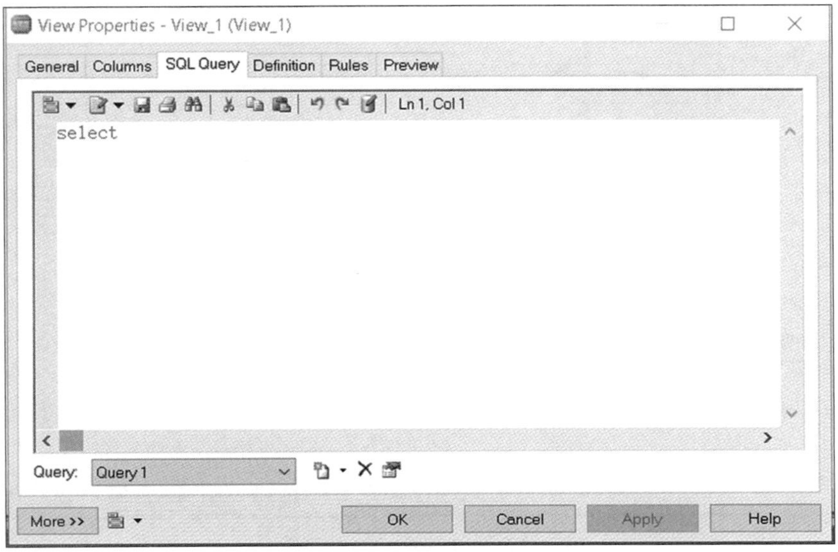

图 5–28　关系整体信息配置

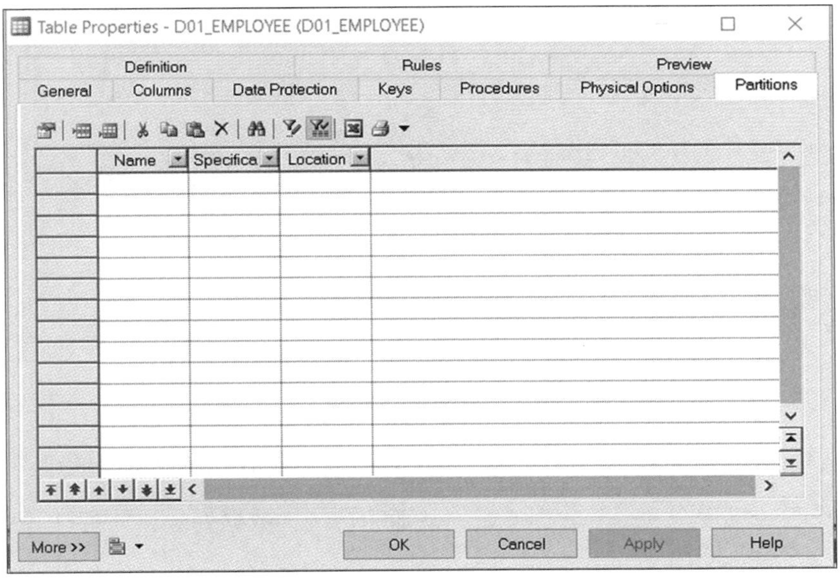

图 5–29　分区创建

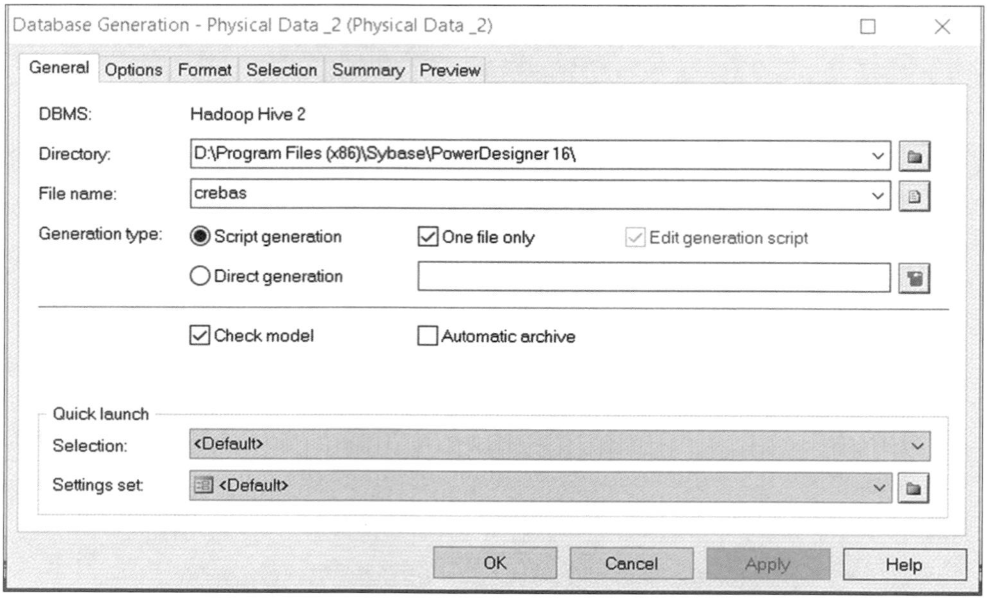

图 5–30　将模型转为 DDL 文件

第三节　数据预处理

数据预处理是采集数据后改进数据质量的第一个环节，用户可以通过多种数据预处理方法从各个维度全面提升数据质量，从而为后续大数据处理和分析打下坚实基础。数据预处理工作量约占整个大数据处理和分析工作的 80%，是不可或缺的重要内容。当然，数据质量改进是典型的“戴明环”（Deming Cycle）过程（计划—执行—检查—处理），若后续有更明确的数据要求、更翔实的数据资料或进一步改进数据质量的手段，则应及时进行迭代。

在大数据平台要实现数据价值，须确保数据本身具有高质量。数据质量应具备完备性、准确性、及时性、有效性、一致性、唯一性六个特点。

一、数据预处理概述

大数据平台中的数据预处理是指采集数据后，在进行数据计算和数据分析前，为提升数据质量开展的一系列操作。数据预处理能够提高数据分析的准确性和有效性，还能提高数据分析的速度。在此过程中，有时还会进行数据质量分析。数据质量分析要如何进行取决于后续数据应用分析需求和组织的数据标准，其主要任务是发现数据中存在的质量问题。

从数据（主体）角度分类，数据预处理可以分为对数据结构的预处理和对数据值的预处理。从处理（方法）角度分类，数据预处理可以分为数据清洗、数据整合、数据转换、数据归约四个步骤。从实际工作角度看，用户应在掌握数据预处理的四个步骤后，灵活运用数据结构和数据值实现预期目标。

（一）从数据（主体）角度分类

从数据（主体）角度，数据预处理包括以下内容。

1. 对数据结构的预处理

对数据结构的预处理主要是对多个数据集、多行记录及其全部属性进行处理和操作。整个数据预处理的前期阶段往往涉及较大数据量，如连接数据、提取特定属性（列）、按某些规则聚合等。

2. 对数据值的预处理

对数据值的预处理主要是对每个记录（行）中的数据值进行处理和操作，一般是对每个记录独立进行小规模操作，因此大多在数据预处理的后程执行，且经常通过改变方法和上下文条件反复进行调整。

（二）从处理（方法）角度的分类

从处理（方法）角度，数据预处理包括以下内容。

1. 数据清洗

数据清洗主要针对的是数据不完整、不一致、有噪声的质量缺陷，通过多种手段尝试删除原始数据集中的重复数据、非相关数据，并填补缺失、纠正偏差、去除或平滑噪声。数据清洗主要针对两种问题，即缺失值和异常值进行处理。

2. 数据整合

数据整合主要针对多源数据集成时，特别是记录与主数据连接、动态数据与静态数据连接、多个维度间融合数据出现的质量缺陷。需要注意的是，需整合的数据经常分布于不同的数据源中，且不同数据源一般还存在物理异构、语义差异等问题。

3. 数据转换

数据转换主要通过各类广义上的格式化工具，将数据变得统一、无歧义、便于理解，从而使数据分析和挖掘更加有效。本节的数据转换保持在数据层面，不涉及跨越数据、信息、知识、智慧等认知层面的转换。跨越认知层面的转换，主要出现在数据应用和处理分析阶段。

4. 数据归约

数据归约指在保持数据特征的前提下，尽可能地简化数据量。在体积较大数据集上进行庞杂的数据处理和数据分析（挖掘）通常需很长时间，而数据归约产生的新数据体积更小，能尽可能保持完整性和特征，对新数据进行处理和分析将更有效率。

二、数据清洗方案制定

数据清洗是数据预处理的重要步骤，数据挖掘者的大部分时间和精力都花在数据清洗阶段。数据清洗的目的有两个：一是解决数据质量问题；二是让数据更加适合挖掘。在数据清洗过程中，重点要解决脏数据问题，涉及的质量维度包括准确性、及时性、有效性、一致性、唯一性。

（一）脏数据分类

1. 重复数据

重复数据主要包括以下两种情形。

（1）两条记录完全重复，所有字段属性值都一样。

（2）多个字段重复，比如两条顾客记录除家庭住址不同外，其他所有字段属性值都相同。

重复数据的处理方式较简单，只需根据主键或其他规则删除多余数据。

2. 不完整数据

（1）属性值缺失。属性值缺失的原因可能有多种，系统导致或人为导致的可能性都存在。若有空值，为不影响分析准确性，或不将空值纳入分析范围，或进行补值。某些数据的缺失值可从本数据源或其他数据字段推导出来，如职工信息表中名叫李四的员工年龄缺失，就可根据其身份证号计算得到。

（2）数据记录缺失。当数据记录缺失时，若业务系统中有这些记录，则可通过系统再次导入；若业务系统中没有这些记录，则可通过手工补录或设计一定规则自动生成；如果无法导入或补录，也无法生成，那么只能舍弃数据记录。

3. 错误数据

（1）格式错误。格式错误是指收集到的数据格式与预期不一致。例如，设计库表字段为 8 位的日期，需遵循格式“YYYYMMDD”，但实际获取到的数据格式为“2021–11–20”，该种数据无法存入数据库，需将其清洗成 8 位的日期字符串。可先将“2021–11–20”转换为日期型数据，然后再将日期转换为“YYYYMMDD”格式的字符串，或采用字符替换法，将“2021–11–20”中的“–”替换成空即可。

（2）内容错误。数据没有严格按规范进行记录。比如异常值，员工年龄是 135 岁；又如数据不统一，有的记录是苏州工业园区，有的记录是苏州工业园，有的记录是苏州园区。对于异常值，可通过区间限定发现并排除；对于数据不统一，该类数据并非真正的“错误”，需人工干预，可做一张清洗规则表，给出匹配关系，第一列是原始值，第二列是清洗值，用规则表关联原始表，用清洗值做分析。若想做得更好，可通过近似值算法自动发现不统一的数据。

内容错误产生的原因是业务系统不健全，在收到数据录入后没有对数据进行校验，便直接写入数据库中。比如，数值数据输成全角数字字符、字符串数据后有回车操作、日期越界、电话号码位数不够等。对于类似全角字符、数据前后有不可见字符等问题，只能通过写 SQL 语句方式找出，然后要求客户在业务系统修正后抽取。

内容错误检测与处理较为烦琐，需对数据进行分析找出脏数据。可通过简单的黑名单找出脏数据，只要数据中出现黑名单上的值，该数据就是脏数据，可将其修正为预先设定好的值。

（二）数据清洗策略及流程

数据清洗是一个反复的过程，不可能一次性完成，要不断发现问题并解决问题。数据清洗包括以下 5 个方面。

1. 缺失值清洗

缺失值是最常见的数据问题，处理缺失值有很多方法，建议按以下 4 个步骤进行。

（1）确定缺失值范围。计算每个字段的缺失值比例，然后按缺失率和重要性，分别制定策略，以确定缺失值范围。数据缺失率与重要性的二维四象限如图 5–31 所示。

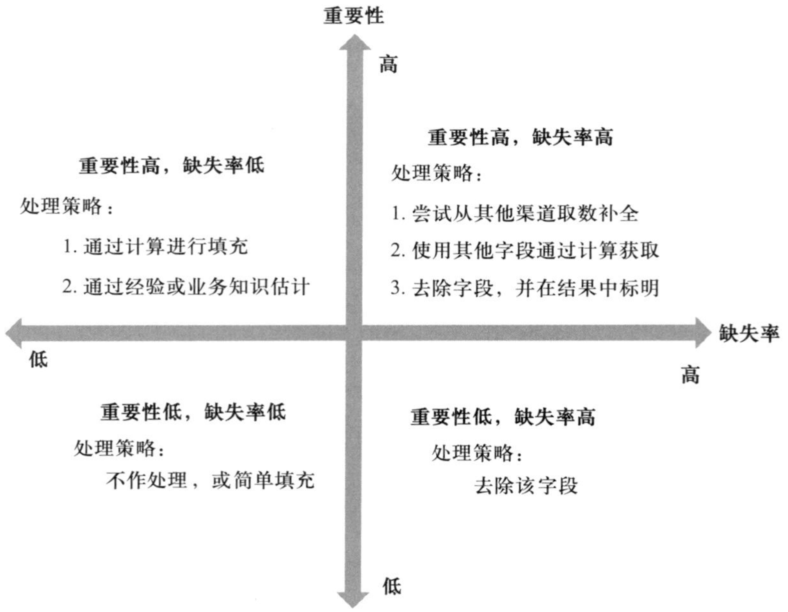

图 5–31　数据缺失率与重要性的二维四象限

（2）去除多余字段。确定不需要的字段后可直接删掉，但建议清洗时每做一步都要备份，或在小规模数据上试验成功后再处理全量数据，避免数据丢失。

（3）填充缺失内容。某些缺失值可进行填充，方法有以下 3 种。

1）以业务知识或经验推测填充缺失值。

2）以同一指标的计算结果（均值、中位数、众数等）填充缺失值。

3）以不同指标的计算结果填充缺失值，如年龄可通过身份证信息计算得到。

（4）重新取数据。若某些指标非常重要但缺失率高，则需向取数人员或业务人员了解，尽量寻找其他渠道获取相关数据。

2. 格式内容清洗

数据来源不同，数据质量就不同。若数据由系统日志而来，则通常在格式和内容方面与元数据的描述一致。若数据由人工收集或用户填写而来，则很可能在格式和内容上存在问题，格式内容问题有以下 3 类。

（1）时间、日期、数值、全半角等显示格式不一致。该类问题通常与数据输入端有关，在整合多来源数据时也会遇到，将其处理成一致的某种格式即可。

（2）内容中有不该存在的字符。某些内容可能只包括部分字符，如身份证号是数字 + 字母、中国人姓名是汉字等。最典型的不该存在的符号是头、尾、中间的空格，也会出现姓名中存在数字符号、身份证号中出现汉字等问题。此时，需以半自动校验半人工的方式找出存在的问题，并去除不需要的字符。

（3）内容与该字段应有内容不符。如性别写了姓名、身份证号写了手机号等。但该问题特殊性在于不能简单地用删除处理，因为成因可能是人工填写错误，也可能是前端没有校验，还可能是导入数据时部分或全部存在列没有对齐，因此要详细识别问题类型。

3. 逻辑错误清洗

逻辑错误清洗用简单逻辑推理就能发现问题数据，以防止分析结果走偏，主要包含以下步骤。

（1）去重。不建议将去重放在第一步，应放在格式内容清洗后（比如多一个空格工具便认为“张某辰”和“张　某辰”不是同一人，以致去重失败）。并非所有重复都能简单去掉，如系统中有两个小区位置不一样，即便都叫“风景花园小区”，也不能直接去重。若数据非人工录入，则可简单去重。

（2）去除不合理值。不合理值会有多种情况，如有人填表时将年龄填 180 岁、年薪填 12 000 万元（没注意到单位是“万元”），对于这类值或删掉或按缺失值处理。

（3）修正矛盾内容。有些数据可互相验证，如身份证号是 3203121972 ××××××××，年龄填 20 岁，此时需根据数据来源判定哪个字段提供的信息更可靠，并去除或重构不可靠字段。

4. 非需求数据清洗

非需求数据清洗即将不需要的字段删除，看似简单，但实际操作起来时却有很多问题。比如，删除了看上去不需要但实际对业务很重要的字段；某个字段看起来有用，但又不确定怎么用，不知是否删除；一时疏忽，删错字段。对于前两种情况，若数据量没有大到不删字段就无法处理的程度，则建议能不删的字段尽量不删。删除字段前，应做好数据备份。

5. 关联性验证

若处理的数据有多个来源，则有必要进行关联性验证。比如，有某人某品牌车辆线下购买信息，也有电话客服问卷信息，两者通过姓名和手机号关联，则要看某人线下登记的车辆和线上问卷涉及的车辆是否为同一辆，若不是（当业务流程设计不好时，有可能出现这种问题）则需调整或去除数据。

三、数据整合

大数据处理和分析经常使用来自多个数据源的同构或异构数据，进行数据整合有利于减少数据集内部的冗余，避免结构、语义不一致，从而提高后续大数据处理和分析的效率及正确性。

数据整合主要包含两类工作：一是识别实体关系后，进行基于实体关系的数据结构整合；二是识别属性关系后，进行基于属性关系的数据值整合。

（一）数据结构整合

数据结构整合是指对多个数据文件（表）、多个数据记录（行）进行集成处理操作。在数据预处理前期，通常会对大量数据实例、数据记录进行结构整合，如连接主数据、连接参考数据、提取特定数据、根据一定规则进行聚合等。

数据结构整合主要涉及实体识别、冗余和相关分析两个方面。

1. 实体识别

从多源数据中识别哪些数据代表现实世界中的同一类实体，是实体识别的核心问题。数据仓库和数据库中的数据一般都带有元数据（关于数据的数据），可充分利用元数据避免识别时发生的错误。

2. 冗余和相关分析

将多个数据文件（表）识别为同一个实体后，需进行连接，以丰富该实体不同维度的属性。若实体识别是做加法，则冗余和相关分析就是做减法，是一个范式化过程。一个属性（列）若能由另一组属性（列）推导出，则该属性很可能冗余。当然，语义或维度不同也会导致冗余，要注意两者数据结构是否匹配。

（二）数据值整合

数据值整合是指对每个数据记录（行）中的数据字段（列）进行的集成处理操作。主要是对每个数据记录（行）独立进行小规模操作，通过改变条件进行反复调整才能完成，如通过数据记录（行）中两个空间位置字段计算彼此的距离，并更新距离字段。

数据值整合主要涉及对数据值冲突、类型不一致的检测与处理。

1. 数据值冲突

因语义、尺度、编码标准等不同，现实世界中的同一个实体，在多源数据文件（表）中的属性值很可能不同。比如，测量土地面积系统的常用单位是亩，而测量房屋面积的系统则使用平方米，两者都是面积单位，数据类型也都是浮点型，若不清楚它们之间的换算标准，就无法换算为一致结果。

2. 数据值类型不一致

数据值类型主要便于后续数据处理和分析，类型不一致通常是在排除数据值冲突后还需进一步解决的问题。数据值类型不一致包括以下 6 种情况。

（1）数值型中混有字符，未能转换成数值型。

（2）整数型和浮点型不一致，虽然两者数值差别非常小，但是两者计算效率有本质差别。

（3）枚举型不一致，比如，一个数据值的枚举型为 18 岁及以下、18~40 岁、

40~60 岁、60 岁及以上，而另一个数据值的枚举型为少年、青年、中年、老年。

（4）时间型不一致，常见的有日期与时刻差别，甚至某些古老系统仍采用协调世界时（UTC）计时。

（5）字符型不一致，常见的有动词和名词差别、偏正结构差别。

（6）位置信息型不一致，常见的有不同坐标系差别、地名地址差别。

四、数据转换

数据转换包括数据类型转换和数据文件格式转换。转换策略有多种，但具体使用哪种取决于数据存储位置。

（一）数据类型转换

数据类型的相互转换是数据清洗工作必不可少的一部分。当需要在字符串类型数据上做数学运算处理时，希望能以数字类型重新存储这些数据；或者碰到字符串形式的日期数据时，希望能改变日期表现格式。

在数据类型转换过程中，会面临数据损耗问题。通常，当目标数据类型无法保存与原始数据类型同样多的信息时，损耗就会发生。虽然根据具体数据需求，数据类型转换过程允许损耗存在，但应尽量避免数据产生损耗。数据类型转换包含的风险因素有如下两方面：一方面是同种类型间的不同范围转换。假设字符串类型长度为 100 个字符，现需把数据转到只容纳 100 个字符的字段上。只要是超过 100 个字符的数据，就会被丢弃或截取。该情况也会发生在不同范围的数字类型字段上，如从长整数类型向一般长度的整数类型转换，或从整数类型向长度更小的整数类型转换。另一方面是不同精度间的转换。假设有一小数列表，每个值的精度都为四位数字，现需把数字转换成精度为两位数字的数据，或直接转换成整数类型。此时，每个数字都会被四舍五入或被截取，将丢掉原有精度信息。

常规数据类型转换都在数据库中实现，可使用 SQL 数据库函数实现。

1. 数值型转换

数据分析中处理最多的数据类型就是数值。与其他数据类型相比，该类型具有存储空间小、易于加工的特点。此外，即使将数据聚合为平均值和极值，也可在不损失大量信息的情况下表示数据。

即使不进行显式转换，数值型的列一般也会自动转换为数值型。但在值中混有字符情况下，程序会将其识别为字符串。此外，数值型又包括整数型和浮点型等数据类型，需在必要时进行转换。比如，虽然住宿人数为整数类型，但是在计算平均住宿人数时，若不将数据类型转换为浮点型，则仅能获得舍入为整数的平均值。此时，须进行数值类型的转换处理。

2. 分类型转换

在数据分析中，分类型的常用程度仅次于数值型。分类型即可取值种类是定值的数据类型。比如，居住地所在“省级行政区”列的取值必定是从 34 个省级行政区中选择的数据，所以该列是分类型数据；“会员状态”列的取值有“活跃”“冻结”“注销”“待审核”等，所以该列也是分类型数据。布尔型数据是最简单的数据类型之一，仅包含两个值：True 和 False。布尔型数据通常用于表示逻辑条件的结果，如“是 / 否”“真 / 假”“存在 / 不存在”等。

分类型和字符型、数值型的数据差别不大，因此在大多情况下，程序以字符串和数值型形式读取数据。若将数据作为分类型处理，则需先将其转换为分类型。Python 中有分类型和布尔型，SQL 中则只有布尔型。

3. 日期时间类型转换

（1）转换为日期时间型。日期时间型包括 Timestamp（时间戳）和 DateTime（日期时间）等数据类型。导入数据时，若导入的是日期时间型则没有问题。但有时也会用“年、月、日、时间”字符串和 UNIXTIME（表示自 1970 年 1 月 1 日起经过的以秒为单位的时间）数值保存日期时间型，此时须先将数据转换为日期时间型。

除日期时间型外，与时间相关具有代表性的数据类型还有日期型（Date），即仅包含日期信息的数据类型。日期型对以天为单位的转换非常有用，如转换为节假日数据。

（2）转换为时间差。当有多个日期时间型数据时，通常需计算日期时间数据间的日期时间差（年数差、月数差、周数差、天数差和时间差等）。比如，想了解从访问网站到买入商品花费的时间，或预定日期与住宿日期间的天数差等。若不能明确定义日期时间差值，则无法清楚该差值的含义。比如，12:45:59 与 12:46:00 之间的分钟差，到底是应忽略秒及其以后的值，将分钟差视为 1 分，还是应考虑秒及其以后的值，从而将分钟差视为 0.016 分？答案因具体场景不同而有所不同。月和年须按前一种方式处理，因为月和年的长度都不固定，不能作为单位使用。因闰年影响，每年的天数会因年份有所不同，每个月的天数也会因具体月份不同。

（3）转换为季节。有些分析对象特征会因季节不同而相差较大，所以有时需分析季节变化。虽然采用月数据也可表示季节，但却需处理 12 种分类值。当分类数过多时，将难以掌握整体趋势，所以有时需基于季节而非月份进行分析。此时，将日期型数据转换为季节便非常有效。

（4）转换为时间段。数据有时也需按时间段进行分析。因为若将时刻直接作为分类值，则会产生 24 种分类值，所以在无法准备大量数据的情况下，需将时刻转换为时间段。与季节转换一样，此时须思考分析对象如何受时间段影响，并考虑是否应按时间段处理。

（5）转换为工作日、休息日。人们在工作日和休息日的生活模式有很大差异，因此在以人类活动为对象进行数据分析时，须考虑工作日和休息日。为将日期分为工作日和休息日，除提取周末外，还须提取假期。一方面须考虑假期规则的复杂性，且每年都在变化。另一方面因假期数量不多，所以手动创建主数据也很简单。

（6）位置信息转换。位置信息基础是地理坐标系。我国曾采用 1954 北京坐标系和 1980 西安坐标系作为国家大地坐标系，但随着科技进步，特别是 GPS/ 北斗定位技术和新的大地测量技术的发展，由于并非基于以地球质量中心为原点的坐标系统，原有两种坐标系已不能适应新时期国民经济和科学发展的需要。因此，需建立以地球质量中心为原点的新型坐标系统，即地心坐标系统，以满足我国建设地理空间信息框架及各行业发展需求。

经我国科学家的多年努力，建立了国家地心大地坐标系，即 CGCS2000。自 2018 年 7 月 1 日起，我国正式启用 CGCS2000 国家大地坐标系，并将全面启用新坐标系的过渡期定为 8~10 年。原有基础地理信息 4D 数据采用的坐标框架有 1954 北京坐标系、1980 西安坐标系，各地还采用地方坐标系作为基础地理信息数据坐标框架。因此，若将各成果坐标框架统一到 CGCS2000 坐标框架下，需将原有成果进行坐标转换。

（二）数据文件格式转换

数据文件格式转换可用来处理文本类型的数据文件，如对于电子表格或 JSON 文件，需将从文件中读取的数据再次以某种方法进行进一步加工。

JSON 和 CSV 是最为常见的两种数据标准，JSON 数据一般作为 Web API 的数据传输格式，CSV 常作为存储结构化数据的离线文件，可使用 Python 实现 JSON 与 CSV 文件的相互转换。

五、数据归约及变换

（一）数据归约

在较大规模数据集上进行复杂分析、建模和挖掘需付出较多算力和时间代价，且数据分析过程常伴随探索性的分析和反复试验。而数据归约则在尽量保持原始数据特征分布完整性的前提下，尽可能对数据进行精简，以产生规模更小的数据集，从而更为高效地分析和使用数据。

在数据分析实战中，数据归约有以下好处。

（1）构建原始数据集的精简版本，可减少数据规模对分析思路的影响。通过抽丝剥茧，可更好地帮助分析者把握数据主要特征。

（2）通过数据归约，减少了噪声数据对数据分析或建模的影响，有助于提高建模准确性。

（3）通过数据归约，减少了用于实验的数据总量，能大幅缩减数据分析和挖掘需要的时间，也减少了数据存储空间消耗。

1. 属性归约

属性归约通过删除或合并属性来减少属性数量，从而提高数据分析效率，降低分析难度和减少计算代价。属性的删除和合并均需采取一定策略，以保证新数据集与原始数据集的概率分布尽可能接近，即保留更优属性，去除更差属性。

2. 数值归约

数值归约通过选择较小数据替代原始数据，以实现数据量的减少，包括有参数方法和无参数方法两类。

（1）有参数方法。有参数方法是使用参数模型评估数据，即使用该参数模型作为归约后的结果，而无须存储实际数据。如简单线性回归、对数线性模型等。

简单线性回归将数据拟合为一条直线，以实现对数据的建模，即将一组数据归约为公式 $y=wx+b$ 的线性函数。模型使数据的实际直线和估计直线之间的误差最小，多元线性回归则是简单线性回归的扩展，允许模型表示为两个或多个变量线性函数。

对数线性模式用来描述期望频数与协变量之间的关系。设定期望频数 m 取值为 0 到正无穷之间，对其进行对数变换，使其取值在负无穷到正无穷之间。对数线性模型公式如下：

$$\ln m=\beta_0+\beta_1 x_1+\cdots+\beta_k x_k$$

其中：

$\ln m$ 表示要预测或解释的因变量的自然对数形式；

β_0 表示当所有自变量都为零时，因变量 $\ln m$ 的预期值；

β_1，…，β_k 表示与每个自变量（x_1，…，x_k）相对应的系数，它们衡量了各自变量对因变量 $\ln m$ 的影响程度和方向；

x_1，…，x_k 表示自变量，是影响因变量 $\ln m$ 的因素。

（2）无参数方法。无参数方法存放实际数据，具体分为直方图法、聚类法、采样法等。

1）直方图法。直方图使用分箱近似数据分布，是常用的数据归约形式。对于属性所有数值的直方图，将其数据分布划分为不相交的子集或桶。若每个桶只代表单个属性值与频率对，则该桶为单桶。通常，桶表示给定属性的一个连续区间。

2）聚类法。通过聚类法将所有数据划分为簇，以使同一个簇的数据具有较高相似度，而不同簇之间的数据具有较大差异。因此在数据归约过程中，使用数据所述簇中心的值替代原始数据值，是可行的数值归约方法。

3）采样法。采样法从原始数据中选择较少数据子集来替代原始数据，通常使用随机采样、分层采样等方法。

（二）数据变换

数据变换是对原始数据进行系列操作，以将其转换成符合分析任务要求的适当形式，数据变换是对数据进行规范化处理。

1. 简单函数变换

对原始数据进行基于数学函数的变换，如取对数、开方运算等。比如，将不具有正态分布的数据变换成具有正态分布的数据；在时间序列分析中，有时简单的对数变换或差分运算就可将非平稳序列变换成平稳序列；使用对数变换对数据区间进行压缩等。

2. 数据规范化

（1）最大—最小值法。对原始数据进行线性变换，将数值映射到［0，1］，公式如下：

$$x'=\frac{x-\min}{\max-\min}$$

其中：

max 表示……目标属性的最大值；min 表示……目标属性的最小值。

该方法优点是可保留数据中的原始关系，用简单计算方法消除量纲和数据取值范围对数据分析的影响。数据规范化方法存在一定缺陷，即只能在已知最大值和最小值的数据范围内生效。若遇到超过目前属性取值范围的情况，该方法将面临越界错误，需重新定义 max 和 min。

（2）零均值法。零均值法又称 z 分数法（z-score），经其处理的数据均值为 0，方差为 1。公式如下：

$$x^*=\frac{x-\bar{x}}{\sigma}$$

其中：

$\bar{x}$表示原始数据均值；σ 表示原始数据标准差。

（3）小数定标规范化。小数定标规范化通过移动某个属性所有数值的小数点位置来实现规范化。小数点移动位数依赖该属性绝对值的最大值。公式如下：

$$x^* = \frac{x}{10^k}$$

其中：

k 表示使 $\max(|x^*|)<1$ 的最小整数。

3. 连续数值离散化

在一些分析和建模的过程中，需对连续数值进行离散化。常用离散化方法包括等宽法、等频法、聚类法等。

（1）等宽法。将属性值域分成具有相同宽度的区间，从而实现将所有连续数值划分到有限数量的区间段中。该方法非常简单，但数值在不同区间内的分布并不均匀。

（2）等频法。在对数据均匀分布有较高要求的数据分析场景，可使用等频法，即以每个区间内数据个数相同为依据，进行区间划分。

（3）聚类法。使用聚类法对属性的连续数值进行聚类，然后再将所有数值按聚类得到的簇中心进行分组，并标记每个数值所属类别，以实现数据离散化。聚类法通常需指定聚类中心个数。

六、数据预处理项目案例

本数据预处理项目案例按照项目工程思想，根据预期目标，对数据结构和数据值存在的问题灵活运用数据清洗、数据整合、数据转换、数据归约等方法进行处理和操作。

（一）案例说明

2023 年 11 月，公司 A 决定上线一款大数据应用 B，以对电影票销售情况进行深入分析，从而为各影院的排片和定价提供决策支持。该公司通过自行采集、购买、网络爬虫等方式获取了电影票销售相关数据，包括影片、影院、排片、用户、支付、评价、演职人员等数据。数据实体关系如图 5–32 所示。

为更好地进行后续大数据处理和分析，须对数据进行预处理，预处理结果要求存放在公司 A 的 PostgreSQL 数据库中。公司 A 具有较完善的业务术语表和数据字典规范，建议使用的工具包括 SQL 和 Python。

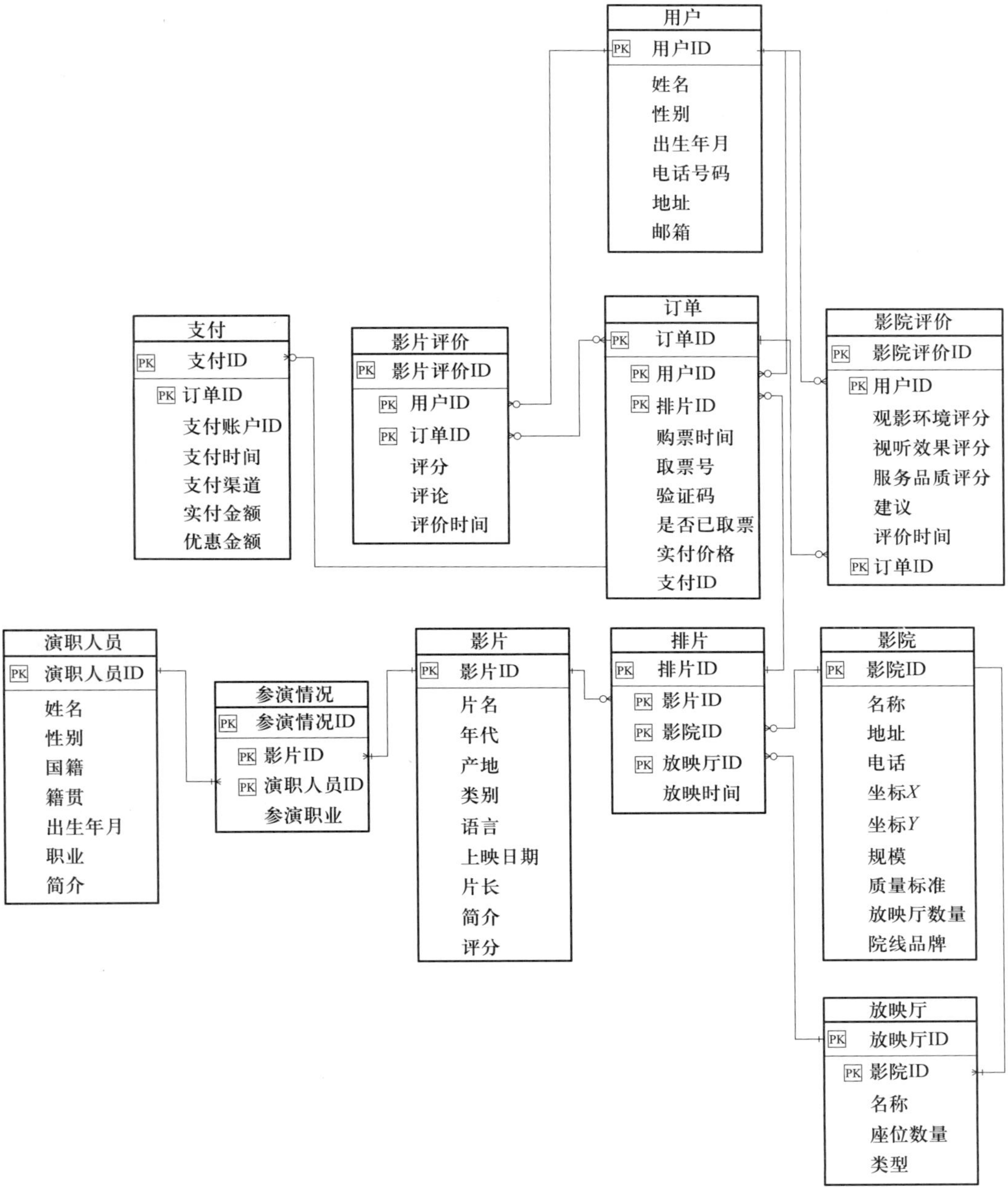

图 5-32　数据实体关系

（二）案例分析

该案例是典型的对多渠道收集的数据进行预处理的案例。一般应先进行数据结构预处理，再进行数据值预处理。

1. 数据结构预处理

（1）数据提取。数据提取听起来简单，但要做好并不容易。因为数据量越大，计算机处理起来就越慢，而适当的数据提取既能减少后续要处理的数据量，又能避免毫无价值的处理操作。

以最常见的根据指定条件提取数据为例，在SQL中除了确保筛选条件便于修改外，还须关注筛选条件设置方法，特别是索引设置问题。在添加适当索引后，计算机访问的数据体积会减小，尤其当原有数据体积整体非常大时，效果更明显。

对2023年11月29日至2024年3月10日期间上映影片的销售情况进行分析，SQL代码如下：

```
select *
from work.filmschedule tb
-- 提取 show_date 在 2023-11-29 至 2024-03-10 间的数据
where show_date between '2023-11-29' and '2024-03-10'
```

（2）数据连接。根据公司A的业务术语表和数据字典规范要求，一般会根据范式要求将数据分别放置在不同表中，但为了后续大数据处理和分析，往往需进行反范式处理，即将数据汇总到一张表中，虽然数据变得冗余，但提升了计算效率。

最常见的是资源信息与业务事件信息连接，也被称为主表与记录表连接。虽然从执行语句上看两者的连接十分轻松，但优秀工程师总是追求最小内存占用量，并尽量减小连接表的体积，即优先进行过滤和压缩，然后再进行连接。

需将排片和订单进行连接，获取在2023年11月29日至2024年3月10日间上映的影片票价数据，SQL代码如下：

```
select
-- 提取所需的列
pay.id, pay.real_pay, pay.pay_time, pay.user_id,
fs.id, fs.film_id, fs.show_date
```

```
from work.payment pay
join filmschedule fs
on pay.file_shedule_id = fs.id
-- 从主表中仅提取 show_date 在 2023-11-29 至 2024-03-10 间的数据
and where fs.show_date between '2023-11-29' and '2024-03-10'
```

需要说明的是，若两个表之间无须连接而只是提取（过滤），则应使用的 SQL 关键字是 EXISTS 而不是 JOIN。

（3）数据聚合。数据聚合可在非常小的数据损失下，完成对数据特征的提取。应用界面能呈现或用户可掌握的数据量都是有限的，数据聚合能更好地从宏观和整体上掌握数据特征，特别是分析的视角比数据记录本身要大要高时，应将数据记录转换为尺度更大的记录。

数据聚合的具体实现一般先通过 GROUP BY 指定需聚合的字段，再利用聚合函数（SUM、COUNT、MAX、MIN、AVG 等）表达结果。

在完成数据连接后，统计每部影片的平均票价，SQL 代码如下：

```
with fs_and_pay_tb as(
select
-- 提取所需的列
pay.id, pay.real_pay, pay.pay_time, pay.user_id,
fs.id, fs.film_id, fs.show_date
from work.payment pay
join work.filmschedule fs
on pay.file_shedule_id = fs.id
-- 从主表中仅提取 show_date 在 2023-11-29 至 2024-03-10 间的数据
and where fs.show_date between '2023-11-29' AND '2024-03-10'
)
select
```

```
-- 提取聚合单元：排片表 ID
fs_id,
avg(real_pay) as pay_AVG
from work.fs_and_pay_tb
-- 用 group by 语句将 fs_id 指定为聚合单元
group by fs_id
```

（4）行列转换。在数据预处理中，有时需将数据初始记录方式显示成为纵向表格（纵表），有时则需以报表方式显示成为横向表格（横表）。通常在纵表中数据的行较多，列较少；在横表中数据的行较少，列较多，如图 5–33 所示。

纵向表格

年代	性别	人数
20	男性	50
20	女性	37
30	男性	64
30	女性	68
40	男性	57
40	女性	49

横向表格

年代	男性人数	女性人数
20	50	37
30	64	68
40	57	49

图 5–33　纵向表格与横向表格

完成数据聚合后，数据通常仍是纵向显示，为便于用户从结果中发现特征，往往需执行行列转换，将纵表转换为横表。

比如，在完成数据聚合后，需呈现同一部影片上映后每天观影人数所处的阶梯。因为 SQL 中没有简单方便的行列转换函数，所以采用多次书写 case（或其变体）。而 Python 中 pandas 库提供的 pivot_table 函数，则十分适合该场景。SQL 代码如下：

```
with film_pay_tb AS(
select
film_id, people_num,
count(id) as cnt
```

```
from work.film_and_pay_tb
group by film_id, people_num
)
select
film_id,
max(case people_num when 1 then cnt else 0 end) as people_num_1,
max(case people_num when 2 then cnt else 0 end) as people_num_2,
max(case people_num when 3 then cnt else 0 end) as people_num_3
from work.film_pay_tb
group by film_id
```

Python 代码如下：

```
import pandas as pd
from preprocess.load_data.data_loader import load_film_pay
customer_tb, film_tb, film_and_pay_tb = load_film_pay()
# 用 pivot_table 同时实现行列转换和数据聚合
# 向 aggfunc 参数指定用于计算人数规模的函数
pd.pivot_table(film_and_pay_tb , index='film_id', columns='people_num',
values='id',
aggfunc=lambda x: len(x), fill_value=0)
```

2. 数据值预处理

（1）数值型转换。PostgreSQL 数据库中的数据转换可使用 cast 函数或操作符“::”。SQL 代码如下：

```
--cast 类型转换
-- 转换为整数型
select cast
```

```
            (( 10000.0 / 7 ) as int2 ) as v_int2,
            cast (( 10000.0 / 7 ) as int4 ) as v_int4,
            cast (( 10000.0 / 7 ) as int8 ) as v_int8;
-- 转换为浮点型
select cast
            (( 10000.0 / 7 ) as float4 ) as v_float4,
            cast (( 10000.0 / 7 ) as float8 ) as v_float8;
--:: 类型转换
-- 转换为整型
select
            ( 10000.0 / 7 ) :: int2 as v_int2,
            ( 10000.0 / 7 ) :: int4 as v_int4,
            ( 10000.0 / 7 ) :: int8 as v_int8;
-- 转换为浮点型
select
            ( 10000.0 / 7 ) :: float4 as v_float4,
            ( 10000.0 / 7 ) :: float8 as v_float8;
```

Python 中的数值型包括 int 和 float，其中 int 是整数型，float 是浮点型，用于表示数据的比特数可根据系统环境自动选择，或是 4 字节 (32 比特)，或是 8 字节 (64 比特)。此外，pandas(NumPy) 库中能设置指定比特数的 int 和 float 数据类型。Python 代码如下：

```
# 确认数据类型
type(10000 / 7)
# 转换为整数型
int(10000 / 7)
# 转换为浮点型
```

```
float(10000 / 7)

f = pd.DataFrame({'value': [10000 / 7]})
# 确认数据类型
df.dtypes
# 转换为整数型
df['value'].astype('int8')
df['value'].astype('int16')
df['value'].astype('int32')
df['value'].astype('int64')
# 转换为浮点型
df['value'].astype('float16')
df['value'].astype('float32')
df['value'].astype('float64')
df['value'].astype('float128')
# 可按如下方式指定 Python 的数据类型
df['value'].astype(int)
df['value'].astype(float)
```

（2）分类型转换。虽然 SQL 中没有以数据类型形式提供分类型，但通过按数据值种类赋相应的 ID，可模拟分类型。SQL 代码如下：

```
-- 生成 sex 列分类的主表
with sex_mst as ( select sex, row_number () over () as sex_mst_id fro m work.
customer_tb group by sex ) select
base.*,
s_mst.sex_mst_id
from
```

```
work.customer_tb base
inner join sex_mst s_mst on base.sex = s_mst.sex
```

Python 提供 bool 类型作为布尔型，提供 category 类型作为分类型。通过在 astype 函数中指定 'bool' 或 'category'，即可实现相应转换。

Python 代码如下：

```
# 添加布尔型的列，当 sex 的值为 man 时，该列元素值为 True
# 即使本段代码中不用 astype 函数，sex 也会被转换为布尔型
customer_tb[['sex_is_man']] = (customer_tb[['sex']] == 'man').astype('bool')
# 将 sex 转换为分类型
customer_tb['sex_c'] = \
pd.categorical(customer_tb['sex'], categories=['man', 'woman'])
# astype 函数也可实现分类型的转换
# customer_tb['sex_c'] = customer_tb['sex_c'].astype('category')
# 索引数据存储在 codes 中
customer_tb['sex_c'].cat.codes
# 主数据存储在 categories 中
customer_tb['sex_c'].cat.categories
```

（3）日期时间类型转换。

1）转换为日期时间型。SQL 支持日期时间型和日期型。此外，SQL 中还有在 timestamp 中添加 timezone（时区）信息构成的 timestamptz 类型。SQL 代码如下：

```
select
-- 转换为 timestamptz 类型
select to_timestamp('2018-03-12 18:47:35','yyyy-MM-dd hh24:mi:ss')
select to_timestamp('2018-03-12 18:47:35','yyyy-MM-dd hh24:mi:ss')::timestamptz
to_timestamp(reserve_datetime, 'YYYY-MM-DD HH24:MI:SS')
```

```
as reserve_datetime_timestamptz,
-- 转换为 timestamptz 后，再将其转换为 timestamp
cast(
to_timestamp(reserve_datetime, 'YYYY-MM-DD HH24:MI:SS') as timestamp
) as reserve_datetime_timestamp,
-- 将日期和时间的字符串拼接，然后转换为 timestamp
to_timestamp(checkin_date || checkin_time, 'YYYY-MM-DD HH24:MI:SS')
as checkin_timestamptz,
-- 将日期时间字符串转换为日期型（时间信息在转换后删除）
to_date(reserve_datetime, 'YYYY-MM-DD HH24:MI:SS') as reserve_date,
-- 将日期字符串转换为日期型
to_date(checkin_date, 'YYYY-MM-DD') as checkin_date
from work.reserve_tb
```

虽然 Python 中有各种日期时间型，但通常使用 datetime64［ns］类型就已足够，其中“［ ］”内的字符表示日期时间涉及的最小单位。虽然日期型也能指定为 datetime64［D］类型，但操作起来很不方便，如无法由 datetime64［ns］直接转换为 datetime64［D］等。所以应先转换为 datetime64［ns］类型，再获取日期和时间。Python 代码如下：

```
# 通过 to_datetime 函数转换为 datetime64[ns] 类型
pd.to_datetime(reserve_tb['reserve_datetime'], format='%Y-%m-%d %H:%M:%S')
pd.to_datetime(reserve_tb['checkin_date'] + reserve_tb['checkin_time'],
format='%Y-%m-%d %H:%M:%S')
# 从 datetime64[ns] 类型获取日期信息
pd.to_datetime(reserve_tb['reserve_datetime'],
format='%Y-%m-%d %H:%M:%S').dt.date
pd.to_datetime(reserve_tb['checkin_date'], format='%Y-%m-%d').dt.date
```

2）转换为年、月、日、时、分、秒、星期。SQL 提供了用于获取特定日期元素的 date_part 函数和用于转换为指定字符串的 to_char 函数。若只需获取 1 个特定日期元素，最好使用 date_part 函数。SQL 代码如下：

```
with tmp_log as(
        select
                cast(
        to_timestamp(reserve_datetime, 'YYYY-MM-DD HH24:MI:SS') as timestamp
        ) as reserve_datetime_timestamp,
        from work.reserve_tb
)
select
        -- date 类型可使用 date_part 函数
        -- timestamptz 类型不可使用 date_part 函数
        -- 获取年份
        date_part(year, reserve_datetime_timestamp)
        as reserve_datetime_year,

 -- 获取月份
   date_part(month, reserve_datetime_timestamp)
        as reserve_datetime_month,

 -- 获取日期
   date_part(day, reserve_datetime_timestamp)
        as reserve_datetime_day,

```

```
-- 获取星期 (0= 星期天，1 =星期一 )
   date_part(dow, reserve_datetime_timestamp)
         as reserve_datetime_day,
-- 获取时间中的时
   date_part(hour, reserve_datetime_timestamp)
         as reserve_datetime_hour,
-- 获取时间中的分
   date_part(minute, reserve_datetime_timestamp)
         as reserve_datetime_minute,
-- 获取时间中的秒
   date_part(second, reserve_datetime_timestamp)
         as reserve_datetime_second,
-- 转换为指定格式的字符串
   to_char(reserve_datetime_timestamp, 'YYYY-MM-DD HH24:MI:SS')
         as reserve_datetime_char
from tmp_log
```

datetime64［ns］类型是将日期时间元素存在数据中，可直接获取其中存储的日期时间元素。此外，使用 strftime 函数可将数据转换为指定格式的字符串。因列中名为 dt 的对象同时包含了日期时间元素和 strftime 函数的调用，所以，可通过 dt 对象调用相关函数。Python 代码如下：

```
import pandas as pd
```

```
from preprocess.load_data.data_loader import load_hotel_reserve
customer_tb, hotel_tb, reserve_tb = load_hotel_reserve()

# 本书刊登内容如下
# 将 reserve_datetime 转换为 datetime64[ns] 类型
reserve_tb['reserve_datetime'] = \
    pd.to_datetime(reserve_tb['reserve_datetime'], format='%Y-%m-%d %H:%M:%S')

# 获取年份
reserve_tb['reserve_datetime'].dt.year

# 获取月份
reserve_tb['reserve_datetime'].dt.month

# 获取日期
reserve_tb['reserve_datetime'].dt.day

# 以数值形式获取星期（0= 星期日，1 =星期一）
reserve_tb['reserve_datetime'].dt.dayofweek

# 获取时间中的时
reserve_tb['reserve_datetime'].dt.hour

# 获取时间中的分
reserve_tb['reserve_datetime'].dt.minute
```

```

# 获取时间中的秒
reserve_tb['reserve_datetime'].dt.second

# 转换为指定格式的字符串
reserve_tb['reserve_datetime'].dt.strftime('%Y-%m-%d %H:%M:%S')
```

3）转换为日期时间差。可使用 DATEDIFF 函数，但需注意 DATEDIFF 函数不会进行单位换算，而是直接将指定单位及其以下的日期时间元素省略，然后计算差值（如 2022 年 12 月 31 日和 2023 年 1 月 1 日的年份差值为 1 年，但 2023 年 1 月 1 日和 2023 年 12 月 31 日的年份差值为 0 年）。SQL 代码如下：

```
with tmp_log as(
    select
        -- 将 reserve_datetime 转换为 timestamp 类型
        cast(
            to_timestamp(reserve_datetime, 'yyyy-mm-
dd hh24:mi:ss') as timestamp
        ) as reserve_datetime,
        -- 将 checkin_datetime 转换为 timestamp 类型
        cast(
            to_timestamp(checkin_date || checkin_time, 'yyyy-mm-
dd hh24:mi:ss')
            as timestamp
        ) as checkin_datetime
  from work.reserve_tb
)
select
```

```
    -- 计算年份差（不考虑月及其以后的日期时间元素）
      datediff(year, reserve_datetime, checkin_datetime) as diff_year,
    -- 获取月份差（不考虑天及其以后的日期时间元素）
      datediff(month, reserve_datetime, checkin_datetime) as diff_month,
    -- 下面 3 个不属于例题要求，仅供参考
    -- 计算天数的差值（不考虑小时及其以后的日期时间元素）
      datediff(day, reserve_datetime, checkin_datetime) as diff_day,
    -- 计算小时数的差值（不考虑分钟及其以后的日期时间元素）
      datediff(hour, reserve_datetime, checkin_datetime) as diff_hour,
    -- 计算分钟数的差值（不考虑秒及其以下的日期时间元素）
      datediff(minute, reserve_datetime, checkin_datetime) as diff_minute,
    -- 以天为单位计算差值
      cast(datediff(second, reserve_datetime, checkin_datetime) as float) /
      (60 * 60 * 24) as diff_day2,
    -- 以时为单位计算差值
      cast(datediff(second, reserve_datetime, checkin_datetime) as float) /
      (60 * 60) as diff_hour2,
    -- 以分为单位计算差值
    cast(datediff(second, reserve_datetime, checkin_datetime) as float) /
      60 as diff_minute2,
    -- 以秒为单位计算差值
      datediff(second, reserve_datetime, checkin_datetime) as diff_second
from tmp_log
```

若将 datetime64［ns］类型的数据相减，则会返回 datetime64［ns］类型分解为日、时、分、秒后的差值数据。若只想得到差值，则只需进行减法运算。若想将差值转换为以日、时、分、秒为单位的数据，则通过 astype 函数将其转换为 timedelta64［D/h/m/s］类型即可。Python 代码如下：

```
import pandas as pd
from preprocess.load_data.data_loader import load_hotel_reserve
customer_tb, hotel_tb, reserve_tb = load_hotel_reserve()
# 本书刊登内容如下
# 将 reserve_datetime 转换为 datetime64[ns] 类型
reserve_tb['reserve_datetime'] = \
    pd.to_datetime(reserve_tb['reserve_datetime'], format='%Y-%m-%d %H:%M:%S')
# 将 checkin_datetime 转换为 datetime64[ns] 类型
reserve_tb['checkin_datetime'] = \
    pd.to_datetime(reserve_tb['checkin_date'] + reserve_tb['checkin_time'], format='%Y-%m-%d%H:%M:%S')
# 计算年份差（不考虑月及其以后的日期时间元素）
reserve_tb['reserve_datetime'].dt.year - \
reserve_tb['checkin_datetime'].dt.year
# 获取月份差（不考虑天及其以后的日期时间元素）
(reserve_tb['reserve_datetime'].dt.year * 12 +
  reserve_tb['reserve_datetime'].dt.month) \
  - (reserve_tb['checkin_datetime'].dt.year * 12 +
      reserve_tb['checkin_datetime'].dt.month)
# 以天为单位计算差值
(reserve_tb['reserve_datetime'] - reserve_tb['checkin_datetime']) \
    .astype('timedelta64[D]')
# 以天为单位计算差值
(reserve_tb['reserve_datetime'] - reserve_tb['checkin_datetime']) \
```

```
    .astype('timedelta64[h]')
# 以天为单位计算差值
(reserve_tb['reserve_datetime'] - reserve_tb['checkin_datetime']) \
    .astype('timedelta64[m]')
# 以天为单位计算差值
(reserve_tb['reserve_datetime'] - reserve_tb['checkin_datetime']) \
    .astype('timedelta64[s]')
```

（4）文本数据处理。PostgreSQL 数据库和 Python 中的字符处理函数有很多，此处主要介绍部分常用函数，其他函数可查阅相关官方网站学习。

1）字符拆分。PostgreSQL 数据库中的文本处理函数，可将字符拆分成列表或数组。SQL 代码如下：

```
----- 返回拆分后的所有字符 ---------------------
select regexp_split_to_table(' 南山南 @hhhh@jjj','@');
------ 指定字符，分隔符，序号，返回分割字符 ------------------
select split_part(' 南山南$hhhh$jjj','$',5);
------ 字符分割后串 = 转为数组 --------------------------------
select regexp_split_to_array(' 沪霍线 娄江快速路 星湖街 娄江大道 ',' ');
```

2）字符拼接。在做文本数据处理时，有时需将某些文本字段或其中的字符与其他字段或字符进行拼接。SQL 代码如下：

```
-- 方法 1，通过 '||' 连接
select 'data ' || 'contact' as newname#
-- 方法 2， 通过 concat() 函数
select concat('data',' ', 'contact', ' !')
-- 方法 3， concat_ws() 以第 1 个参数作为分隔符，连接其他参数
select  concat_ws('#', 'data', 'contact', ' !')
```

Python 代码如下：

```
# 方法 1
print(' 方法 2 通过 "+" 形式连接 ： ' + 'data'+'contact' + '\n')
# 方法 2
print(' 方法 2 通过 "," 形式连接 ： ' + 'data', 'contact' + '\n')
# 方法 3
print(' 方法 3 通过直接连接形式连接： ' + 'data''contact' + '\n')
# 方法 4
print(' 方法 4 通过格式化形式连接 ： ' + '%s %s' % ('data', 'contact') + '\n')
# 方法 5
str_list = ['data', 'contact']
print(' 方法 5 通过 join 形式连接 ： ' .join(str_list) + '\n')
```

3）字符替换。将错误字符或不需要的字符替换成目标数据。

SQL 代码如下：

```
select  replace('data+replace','+','')
```

Python 代码如下：

```
#!/usr/bin/python
str="dataprocess!!!";
printstr.replace("!",".");
printstr.replace("!",".",2);
```

第四节 数据计算

一、数据计算概述

（一）数据计算的定义与方式

1. 数据计算的定义

在宽带互联网接入技术及智能终端高速普及的今天，网络数据容量及数据处理量、数据强度的增加速度已快于任何一个时期，大数据时代悄然来临，大型数据处理系统也应运而生。数据计算体系解决大体量数据直接对外供给面临的性能问题。大量过程数据在当前一些业务场景中愈发能发挥其核心价值，但直接提供数据传输的成本非常高，同时也会造成巨量的存储成本，所以需通过公共数据计算模块完成部分场景的预处理，以减小对外数据供给的体量，从而提高数据使用效率。

大数据处理过程包括数据采集、数据存储、数据计算、数据建模、数据分析，数据计算是其中一个环节。

介绍大数据计算，就不得不提到 MapReduce。虽然目前 MapReduce 已渐渐淡出人们视野，越来越多框架提供的简单 SQL 语法可进行大数据计算，但 MapReduce 提供的编程模型为此奠定了基础。

MapReduce 的核心思想是移动计算成本低于移动数据成本，所以只移动计算，不移动数据。MapReduce 过程大致分两个阶段，即 map 阶段和 reduce 阶段。两个阶段都以键值对作为输入与输出，具体类型由代码决定，且代码中需给出 map 与 reduce 函数的具体实现。

map 阶段是一个高度并行阶段。在该阶段，输入数据被切分为离散的块，可被分别并行处理。在 map 阶段，通常会执行输入格式解析、投影(选择相关字段)和过滤(删除不感兴趣的记录)。

reduce 阶段是一个聚合或汇总阶段。在该阶段，map 阶段的输出被聚合以产生期望结果，所有相关记录须被集中在一起，成为单一实例并进行处理。

2. 数据计算的方式

大数据计算方式主要分为批量计算、流式计算、交互计算、图计算等。其中，批量计算和流式计算是主要的大数据计算方式，分别适用于不同的大数据应用场景。批量计算框架以 MapReduce、Spark 为代表，流式计算框架以 Flink、Storm 为代表。

批量计算是应对海量批处理作业的分布式计算平台，目的是给有大数据计算业务的企业、科研单位等提供高性价比且易用的计算服务。批量计算可对任意规模批处理作业进行智能资源分配和作业执行管理，将精力集中在如何分析和处理数据上。批量计算非常适合基因测序、医疗分析、科学研究、视频渲染、金融大数据、精准广告等领域。

流式计算即对数据流进行处理，是实时计算。数据流（或流数据）是指在时间分布和数量上无限的系列动态数据集合体，数据价值随时间流逝而降低，因此必须实时计算，实现秒级响应。批量计算则是统一收集数据，存储到数据库后再对数据进行批量处理。二者的差异主要体现在以下 4 个方面。

（1）数据时效性不同。流式计算实时、低延迟，批量计算非实时、高延迟。

（2）数据特征不同。流式计算数据一般是动态没有边界的，而批处理数据一般是静态数据。

（3）应用场景不同。流式计算应用在对时效性要求较高的场景，如实时推荐、业务监控等；批量计算（或称批处理）应用在对实时性要求不高、离线计算的场景，如数据分析、离线报表等。

（4）运行方式不同。流式计算任务持续进行，而批量计算任务一次性完成。

（二）数据计算的意义

1. 辅助决策

大数据价值在于能有效帮助各行业用户做出更为准确的商业决策，从而实现更大的商业价值，从诞生开始即站在决策角度出发。虽然不同行业有不同业务，所产生的数据及其支撑的管理形态也千差万别，但从数据获取、数据整合、数据加工、数据综合应用、数据服务和推广、数据处理的生命线流程分析，所有行业的模式是一致的。这种基于大数据决策的特点：一是从量变到质变。因数据被广泛挖掘，决策所依据信息的完整性越来越高，所以有信息支撑的理性决策在迅速扩大。二是决策技术含量、知识含量大幅提高。因为云计算的出现，人类没有被海量数据淹没，能高效率驾驭海量数据，并形成有价值的决策信息。三是大数据决策催生了很多过去难以想象的重大解决方案。比如，某些药物的疗效和毒副作用无法通过技术和简单样本验证，但可用几十年海量病历数据分析得出结果；搭建宏观经济计量模型，只需获得所有企业、居民及政府的决策和行为海量数据，就能得出减税政策最佳方案。

2. 产生新的价值数据

大数据产生价值一般有两种途径：一是数据本身隐含的信息。虽然收集到的数据杂乱无章，但可从中挖掘出隐含信息，并能找到价值。二是处理海量数据过程中产生的价值。虽然收集到的数据大都单独存在，但是汇聚到一起并进行整体分析和处理后，就会产生新的价值。

二、数据处理与作业开发

（一）数据处理

1. 数据整合

数据整合是把在不同数据源的数据收集、整理、清洗、转换后加载到一个新的数据源，为数据消费者提供统一数据视图的数据集成方式。数据整合有以下 5 个优点。

（1）底层数据结构透明。为数据访问（消费应用）提供了统一接口，无须知道数据保存位置、源数据库支持的访问方式（XQuery、SQL）、数据物理结构、网络协议等。

（2）性能可扩展性。数据整合把数据集成和数据访问分成了两个过程，因此访问时数据已处于准备好的状态。

（3）提供真正的单一数据视图。数据整合经过了数据校验和数据清理，以使数据更加真实、准确、可靠。

（4）可重用性好。因有实际的物理存储，数据可为各种应用提供可重用的数据视图，无须担心底层实际数据源的可用性。

（5）数据管控能力加强。数据整合可在数据加载、转换中实施数据规则，从而保证了对数据的管控。

2. 数据清洗

数据清洗是对数据进行重新审查和校验的过程，目的在于删除重复信息、纠正错误，并提供数据一致性。

数据清洗是数据预处理的第一步，也是保证后续结果正确的重要一环。若不能保证数据的正确性，则可能得到错误结果，如因小数点错误造成数据放大十倍、百倍甚至更大等。在数据量较大的项目中，数据清洗时间可达整个数据分析过程的一半以上。

获得的原始数据有时并不能直接用于计算、建模等后续操作，因为可能存在重复或错误，如重复录入、小数点错误等，需将这些“脏”数据洗掉，以保证数据正确、整洁等。

（1）数据清洗原则。在进行数据清洗前，需根据当前数据情况制定相关参考原则。数据清洗参考原则包括但不限于以下内容。

1）尽可能赋予属性名和属性值明确含义。

2）统一多数据源的属性值编码。

3）去除唯一属性。

4）去除重复属性。

5）去除可忽略字段。

6）合理选择关联字段。

7）通过填补遗漏数据、消除异常数据、平滑噪声数据及纠正不一致的数据，填充空值、丢失值，去除数据中的噪声处理不一致数据。

（2）数据清洗内容。数据清洗包括但不限于以下内容。

1）数据质量处理。比如，进行空值处理、非法字符处理、数据格式错误转化等无效数据过滤。数据质量处理是一个分析并最终给出解决方案的过程。处理空值数据一般经历如下过程。

①找出有用且存在空值的字段。

②找出字段可能引起空值的原因，如设备异常、因数据不一致而被删除、没有被录入、对数据改变没有更新等。

③选取处理空值的方式：忽略该记录、去除属性、手工填写空缺值、使用默认值、使用属性平均值、使用同样样本平均值、预测可能值（机器学习算法）。

2）数据标准化。对来自不同数据源的数据，进行统一标准化。比如，来自系统 A 的性别属性标识为男、女，来自系统 B 的性别属性标识为 F、M，收集完数据后需对数据进行标准化。

3）数据加密处理。对需要进行隐私处理的数据进行加密。收集完数据后可采用统一的加密算法对数据进行加密处理，对原始数据进行加密备份，可采用 3DES/RSA 等对称加密方式进行。

4）采用机器学习算法对数据进行去噪。去噪的目的是消除变量中出现的值与真实值之间的误差，去噪方式包括平滑处理、聚类、回归等。

（3）数据清洗方法。数据清洗包括但不限于以下方法。

1）大数据分布式计算引擎，如基于磁盘的 MapReduce、基于内存的 Spark 等。

2）脚本代码，如 Shell、Java、Python 等。

3）基于 SQL 引擎的分布式查询方式，如基于磁盘的 Hive、基于内存的 Impala。

4）基于流程式脚本的处理方式，如 Pig。

5）基于机器学习的数据清理方式。

（二）数据作业开发

1. 数据加载

以 Spark 为例，加载数据一般会分为两种方式：一种是 RDD 使用方式，另一种是 Spark SQL 使用方式。

（1）RDD使用方式。

1）RDD数据加载方式。Spark采用textFile( )方法从文件系统中加载数据创建RDD。该方式将文件的URI作为参数，该URI可是本地文件系统的地址、分布式文件系统HDFS的地址、Amazon S3的地址等。

比如，加载本地文件中的数据生成RDD，可在spark-shell交互式环境中，执行如下命令：

```
scala>val  lines = sc.textFile("file:///usr/local/spark/mycode/rdd/word.txt")
```

2）RDD数据保存方式。可使用saveAsTextFile( )方法将RDD中的数据保存到文本文件中。将textFile变量中的内容再次写到另外一个目录writeback中，命令如下：

```
scala>val  textFile = sc.textFile("file:///usr/local/spark/mycode/wordcount/word.txt")
scala> textFile.saveAsTextFile("file:///usr/local/spark/mycode/wordcount/writeback")
```

（2）SparkSQL使用方式。Spark SQL支持通过DataFrame接口对多种数据源进行操作。可使用关系转换对DataFrame进行操作，DataFrame也可用于创建临时视图。将DataFrame注册为临时视图后，允许对其数据运行SQL查询。

1）Spark SQL加载数据方式。在创建DataFrame时，可使用spark.read操作，并从不同类型文件中加载数据创建DataFrame，比如：

① spark.read.json("people.json")：读取people.json文件创建DataFrame；读取本地文件或HDFS文件时，注意要给出正确文件路径。

② spark.read.parquet("people.parquet")：读取people.parquet文件创建DataFrame。

③ spark.read.csv("people.csv")：读取people.csv文件创建DataFrame。

也可使用如下格式的语句：

① spark.read.format("json").load("people.json")：读取people.json文件创建DataFrame。

② spark.read.format("csv").load("people.csv")：读取people.csv文件创建DataFrame。

③ spark.read.format("parquet").load("people.parquet")：读取people.parquet文件创建DataFrame。

2）Spark SQL 保存数据方式。可使用 spark.write 操作，将 DataFrame 保存成不同格式的文件。比如，将名为 df 的 DataFrame 保存到不同格式文件中，方法如下：

① df.write.json("people.json")。

② df.write.parquet("people.parquet")。

③ df.write.csv("people.csv")。

也可使用如下格式的语句：

① df.write.format("json").save("people.json")。

② df.write.format ("csv").save("people.csv")。

③ df.write.format ("parquet").save("people.parquet")。

2. 作业配置

以 Spark 为例介绍作业配置。Spark 作业配置方式按照优先级由高到低，分为以下 3 种。

（1）应用程序代码中的配置。使用 SparkConf 对象在应用程序代码中设置的参数具有最高优先级。这些参数会覆盖通过 spark-submit 提交脚本和配置文件的参数。

（2）提交脚本中的配置。在提交 Spark 作业时，通过 spark-submit 命令行工具设置的参数优先级次之。这些参数会覆盖配置文件中的参数，但会被应用程序代码中的参数覆盖。

（3）配置文件中的配置。spark-defaults.conf 配置文件中的参数优先级最低。这些参数会被应用程序代码和 spark-submit 命令行工具中的参数覆盖。

可在 spark-submit 中使用 –verbos 参数查看起作用的配置来自上述哪种方式。

三、计算优化

（一）计算优化的重要性

计算优化的重要性主要体现在加快计算速率和提高计算结果精准度两个方面。

1. 加快计算速率

随着信息技术的高速发展，数据数量开始爆炸性增长，存储单位从过去的 GB 到

TB，乃至现在的 PB、EB 级别。社交网络（微博、推特、脸书）、移动网络、各种智能工具、服务工具等，都成为数据来源。因此，迫切需要智能算法、强大的数据处理平台和新的数据处理技术，来统计、分析、预测和实时处理如此大规模的数据。通用的计算机无法在合理时间内完成大量运算而对数据量过大而可用资源有限、无法执行计算的困境，需要通过计算优化加快计算速率。

2. 提高计算结果精准度

目前，IEEE（Institute of Electrical and Electronics Engineers，电气与电子工程师协会）的 64 位浮点运算在大多数科学应用中已经足够精确。但对快速增长的重要科学计算应用，如气候模拟、量子理论、计算化学、计算物理等，则需更高水平的数值精度。因此，应当通过计算优化提高计算结果的精准度。

（二）计算优化案例

1. MapReduce 计算优化案例

（1）合并小文件。文件数目过多，会给 HDFS 带来压力并影响处理效率，可通过合并 Map 和 Reduce 的结果文件消除影响。

可设置是否合并 Map 输出文件：

```
hive.merge.mapfiles = true
```

可设置是否合并 Reduce 输出文件：

```
hive.merge.mapredfiles = true
```

可设置合并文件大小：

```
hive.merge.size.per.task = 256*1000*1000
```

（2）设置内存大小。对内存大小进行设置，可解决内存占用过大问题，设置语句如下：

```
set mapreduce.map.memory.mb=4096;
set mapreduce.reduce.memory.mb=4096;
```

（3）设置数据分片大小。可设置数据分片大小，以解决读取大文件的问题，设置语句如下：

```
set mapred.max.split.size=2048000000
```

2. Spark 计算优化案例

因为 Spark 计算本质是基于内存，所以 Spark 应用程序性能可能会受到集群中多种性能限制因素，如 CPU、网络带宽或是内存的影响。若内存能容纳所有数据，则网络传输和通信可能会导致性能出现瓶颈。若内存较紧张，不能放下所有数据（如对 10 亿以上的数据量进行计算时），还需对内存使用进行性能优化，如使用一些手段减少内存消耗。

Spark 性能优化其实就是对内存使用进行调优。若 Spark 应用程序计算的数据量较小，且内存足够使用，则只要运维可保障网络通畅，一般不会有大的性能问题。而 Spark 应用程序在对大数据量，如 10 亿级别的数据量，进行计算时往往出现性能问题，因此 Spark 性能优化主要是对内存进行性能优化。当然，除了内存调优外，还有很多手段可优化 Spark 应用程序的性能。

Spark 性能优化的主要手段包括以下 10 个方面。

（1）使用高性能序列化类库。

（2）优化数据结构。

（3）对多次使用的 RDD 进行持久化。

（4）使用序列化的持久化级别。

（5）Java 虚拟机垃圾回收调优。

（6）提高并行度。

（7）广播共享数据。

（8）数据本地化。

（9）reduceByKey 和 groupByKey 的合理使用。

（10）Shuffle 调优（关键核心）。

四、标签库设计及管理

（一）标签库设计

1. 标签命名

标签命名（见表 5–26）是为了能对标签进行统一管理，从而更好识别出标签类型。

表 5–26　　标签命名

标签主题	标签类型	开发方式	是否互斥关系	用户维度
A：用户属性 B：用户行为 C：用户消费 D：风险控制	1：分类型 2：统计型	1：统计型 2：算法型	1：互斥关系 2：非互斥关系	C: cookieid U: userid

标签命名需重点关注以下 5 个方面。

（1）标签主题。用于刻画属于哪种类型的标签，如用户属性、用户行为、用户消费、风险控制等多种类型，可用 A、B、C、D 等字母表示各标签主题。

（2）标签类型。标签类型可分为分类型和统计型两种类型。分类型用于刻画用户属于哪种类型，如是男是女、是否为会员、是否已流失等；统计型用于刻画统计用户的某些行为次数，如历史购买金额、优惠券使用次数、近 30 日登录次数等，该类标签需对应用户相应行为的权重次数。

（3）开发方式。开发方式可分为统计型和算法型两大开发方式。统计型可直接从数据仓库中各主题表建模加工而成；算法型需对数据做机器学习的算法处理，以得到相应标签。

（4）是否互斥关系。根据同一级类目下（如一级标签、二级标签）各标签间的关系是否互斥，可将标签划分为互斥关系和非互斥关系。比如，男、女标签就是互斥关系，同一个用户不是被打上男性标签就是女性标签；高活跃、中活跃、低活跃标签，也是互斥关系。

（5）用户维度。用于刻画标签是打在用户唯一标识（userid）上，还是打在用户使用的设备（cookieid）上，可分别用字母 U、C 标识 userid 和 cookieid 维度。

2. 标签编码

（1）标签。标签是对某类特定群体或对象的某项特征进行抽象分类和概括，其值（标签值）具备可分类性。举例如下。

1）对“人”这类群体，可将“男”“女”这类特征进行抽象概括，统称“性别”，此时“性别”就是一个标签。

2）对“手机”这类对象，可将“骁龙 835”“骁龙 845”这类特征进行抽象概括，统称为“手机处理器”，此时“手机处理器”就是一个标签。

（2）标签值。标签值即标签实例，指某一标签包含的具体内容，其特点是符合 MECE 原则（相互独立、完全穷尽）。举例如下：

1）对于标签“性别”，根据 MECE 原则其标签值可分为“男”“女”“未知”。

2）对于标签“年龄”，其标签值可分为“0~18”“18~35”“35~60”“60~100”等。

3. 标签生成规则

标签建设体系可通过各种方式对用户打标签，同时支持第三方标签集成，并最终形成用户标签的整个可视化过程。打标签方式包括以下 5 个方面。

（1）属性值。直接获取属性值或通过属性值的简单转化得到标签。比如，对于性别（男、女）、年龄（通过出生日期转化）、星座（通过出生日期转化）、国籍、地域等，可采用这种方式。

（2）统计分析。统计分析是对用户信息进行聚合得到结果。如获得用户近三个月的出行记录与近三个月的总消费金额等。

（3）权重指数。权重指数主要根据不同场景、不同需求等情况，得出用户某项指数信息，同时会随时间或者地域变化改变权重。比如，给用户打“用户商务指数”标签时，会依赖用户的其他标签，如订票星期、出行星期、订票时间区间、出行时间区间、同订票人数等。而权重则指数不同，对于“出行星期”标签，在计算权重指数时，星期一到星期五会有较高权重，周末则权重较低。所以，可通过几个相关权重指标得出每个用户的商务出行指数，并以此判断用户是否属于商务用户。

（4）预测挖掘。预测挖掘是利用机器学习算法对用户进行分类、预测，并通过数据规律发现用户一些潜在价值。比如，通过“RFM 模型 +KMeans”对用户进行分类，首先对数据进行预处理，然后构建模型，再对数据进行分类，从而得出用户分类标签，结果见表 5–27。

表 5–27　　用户分类标签

数量	客户类别	R	F	M	比较结果	客户级别
733	0	0.653 6	0.486 799	1.768 206	R ↓ F ↓ M ↓	一般价值客户
1 293	1	1.257 934	0.587 88	2.433 67	R ↑ F ↑ M ↓	重要挽留客户
729	2	0.583 579	0.634 495	2.710 42	R ↓ F ↑ M ↑	重要保持客户
1 271	3	1.296 023	0.489 878	1.826 672	R ↑ F ↓ M ↓	低价值客户
871	4	1.212 015	0.598 771	2.828 985	R ↑ F ↑ M ↑	重要挽留客户
1 016	5	0.440 225	0.530 041	2.172 078	R ↓ F ↓ M ↑	重要发展客户
1 537	6	0.889 084	0.528 651	2.162 838	R ↓ F ↓ M ↑	重要发展客户
288	7	1.252 109	0.480 158	1.266 264	R ↑ F ↓ M ↓	低价值客户
2 083	8	1.338 371	0.505 074	2.132 804	R ↑ F ↓ M ↓	低价值客户

（5）人工标注。人工标注主要通过人工方式为用户打上相应标签，若第三方标签能直接识别也属于此类型。

通过以上各方式的打标签过程，最终形成了事实标签、业务标签、模型标签、反馈标签等 4 种类型标签库和对应的用户视图。标签库如图 5–34 所示。

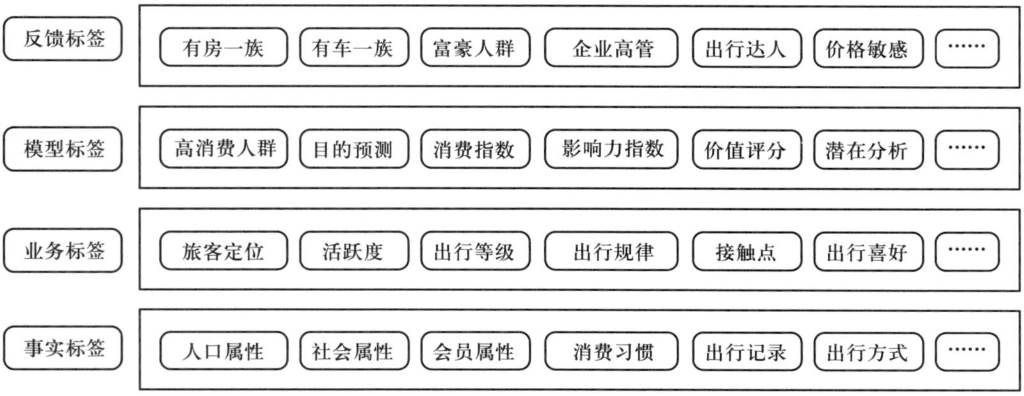

图 5–34　标签库

（二）标签库管理

1. 客户标签管理

客户标签管理是用户画像标签体系建设入口，可提供标签信息创建、查询、修改、删除、状态控制、层级管理、存储设置、显示信息设置、查询条件设置等功能。页面左侧采用树形方式展示标签列表数据，包含“上线 / 下线”“删除”“添加子标签”等操作按钮。页面右侧显示或编辑标签配置信息，每个标签记录都包括标签名称、编码、类型、状态、应用、描述等基础信息。根据不同标签类型又有不同配置项。当前标签类型有归档标签、分组标签、数据标签 3 种，且标签编码必须保证在同一个归档标签下是唯一的。

2. 特征规则管理

可通过配置系统调度管理，配置对应的计算任务管理标签，配置内容包括标签更新周期、参数定义、关联标签及参数等。

五、指标计算算法开发

（一）指标计算概述

指标计算本质上是对一定时间范围内的数据进行统计计算的过程，包含实时计算和离线计算两种计算形式。

指标计算常见实现方法包括基于数据库 SQL 的计算方案、基于事件驱动的计算方案和基于实时计算框架的计算方案，具体如下。

（1）基于数据库 SQL 的计算方案。关系数据库支持基于 SQL 语句进行统计计算，该方式实现简单，但不灵活，响应时间得不到保障。

（2）基于事件驱动的计算方案。注册、登录、交易等都是独立事件，事件可转化成消息进入 Kafka 等消息系统中。该计算方案的优点是可进行预计算，查询性能较好。缺点是每个指标计算都需处理消息系统、中间结果存储系统、业务逻辑，需对不同的事件场景进行逻辑开发，每次发布都要进行大量预计算。

（3）基于实时计算框架的计算方案。实时计算框架解决了基于事件驱动的计算方案的痛点，即可解决数据流、中间结果存储、性能和可靠性等问题，并可提供不同层次抽象的 API，甚至可以通过 SQL 完成一个计算指标上线。业界流行的三大实时计算框架包括 Storm、Spark Streaming 和 Flink。

（二）指标计算算法开发案例

1. 基于 Spark

用 Python 能轻易得到均值、众数、中位数等指标，而 Spark 要统计这些指标，没有现成的 API，需要进行指标计算。下面介绍如何计算上述指标。

假设数据集如下：

```
1,11
2,12
3,12
3,13
```

Spark 程序入口的代码如下：

```
val spark = SparkSession
    .builder
    .appName(s"${this.getClass.getSimpleName}")
    .master("local[*]")
    .getOrCreate()
  import spark.implicits._
  import org.apache.spark.sql.functions._
  val df = spark.read.textFile("./data/mode")
    .map(_.split(","))
    .map(x => (x(0), x(1)))
    .toDF("col1", "col2")
    .cache()
```

使用 DataFrame 的 describe 方法，可统计出数据特征总数、平均值、方差、最小值、最大值：

```
df.describe().show()
```

结果如下：

```
+--------+------------------+------------------+
|summary|              col1|              col2|
+--------+------------------+------------------+
|   count|                 4|                 4|
|    mean|              2.25|              12.0|
|  stddev|0.9574271077563381|0.8164965809277263|
|     min|                 1|                11|
|     max|                 3|                13|
+--------+------------------+------------------+
```

若要得到 col1 列的均值，可借助 collect 算子实现：

```
val col1_mean = df.describe("col1").collect()(1).get(1)
println(col1_mean)
```

结果是 4。

describe 方法的目的是对数据进行探索性分析，若想以编程方式计算汇总统计信息，则需使用 agg 函数。使用方法如下：

```
import org.apache.spark.sql.functions._
df.agg(mean($"col1").alias("col1_mean")).show()
```

结果如下：

```
+---------+
|col1_mean|
+---------+
|     2.25|
+---------+
```

2. 基于 Flink

（1）背景。在网站性能测试中，通常会选择 TP50、TP95 或 TP99 等作为性能指标，这些指标的含义如下。

1）TP50，即 50% 的数据都满足某一条件。

2）TP95，即 95% 的数据都满足某一条件。

3）TP99，即 99% 的数据都满足某一条件。

比如，统计网站在一分钟内响应的 TP90，正常的处理逻辑是将一分钟内所有网站的响应时间从小到大排序，然后计算出总条数 count，再计算出排名 90% 的响应时间（count*0.9）。

（2）自定义聚合函数。Flink 提供了大量聚合函数，如 count、max、min 等，当无法满足实际应用需求时，则需自定义聚合函数来实现。

聚合算子在写代码时可用来实现聚合功能，聚合函数与聚合算子类似，只有在写 SQL 语句时才会被使用。

自定义聚合函数需继承抽象类 org.apache.flink.table.functions.AggregateFunction，并调用如下 3 个方法。

1）createAccumulator()。在聚合操作开始时会调用该方法，主要用于构造 Accumulator，以存储聚合过程中的临时对象。

2）accumulate()。每来一条数据便会调用一次该方法，可实现聚合函数的具体逻辑。

3）getValue()。在聚合结束后，用该方法对中间结果做处理，并将结果返回。

（3）实例讲解。对于 TP 指标，可先创建一个临时变量，变量里有一个列表，每来一个数据就将其放入该列表，并在 getValue 方法里进行排序，然后取相应 TP 值。

该思路存在一个问题，若在聚合时间内存在过多数据，就会在列表中存储大量数据，从而造成检查点过大、时间过长，以致程序运行失败，得不到正确结果。所以需要换一个思路，既然最后想得到有序列表，可将该列表结构进行优化。使用 Treemap 存储，则 map 的 key 就是指标（如响应时间），value 就是对应指标出现的次数。在 getValue() 方法中，只需将 map 的 value 值累加，就能得到总数 count，然后计算出相应 TP 值的位置 position，最后从头累加 map 的 value，直到累加结果大于相应位置

position，则 map 的 key 即为所求。

下面看一个具体实例。先构建一个 source，随机生成一个变量，即网站的响应时间 response_time。

```
String sql = "CREATE TABLE source (\n" +
                    " response_time INT,\n" +
                    " ts AS localtimestamp,\n" +
                    " WATERMARK FOR ts AS ts," +
                    "proctime as proctime()\n" +
                    ") WITH (\n" +
                    " 'connector' = 'datagen',\n" +
                    " 'rows-per-second'='1000',\n" +
                    " 'fields.response_time.min'='1',\n" +
                    " 'fields.response_time.max'='1000'" +
                    ")";
```

定义一个聚合函数用的临时变量：

```
public static class TPAccum{
    public Integer tp;
    public Map<Integer,Integer> map = new HashMap<>();
}
```

实现自定义聚合函数类：

```
public static class TP extends AggregateFunction<Integer,TPAccum>{

    @Override
    public TPAccum createAccumulator(){
        return new TPAccum();
```

```
}

@Override
public Integer getValue(TPAccum acc){
    if (acc.map.size() == 0){
        return null;
    } else {
        Map<Integer,Integer> map = new TreeMap<>(acc.map);
        int sum = map.values().stream().reduce(0, Integer::sum);

        int tp = acc.tp;
        int responseTime = 0;
        int p = 0;
        Double d = sum * (tp / 100D);
        for (Map.Entry<Integer,Integer> entry: map.entrySet()){
            p += entry.getValue();
            int position = d.intValue() - 1;
            if (p >= position){
                responseTime = entry.getKey();
                break;
            }
        }
        return responseTime;
    }
}

public void accumulate(TPAccum acc, Integer iValue, Integer tp){
```

```
            acc.tp = tp;
            if (acc.map.containsKey(iValue)){
                acc.map.put(iValue, acc.map.get(iValue) + 1);
            } else {
                acc.map.put(iValue, 1);
            }
        }
    }
```

实际查询的 SQL 语句如下：

```
    String sqlSelect =
                "select TUMBLE_START(proctime,INTERVAL '1' SECOND)  as starttime,mytp
(response_time,50) from source" +
                " group by TUMBLE(proctime,INTERVAL '1' SECOND)";
```

第五节　数据查询

一、数据查询概述

（一）数据查询操作

数据查询操作包括查询数据、插入数据、修订数据、删除数据。查询数据是指从数据库中查询满足条件的数据；插入数据是指向数据库中插入数据，可插入指定字段，也可插入多条数据；修订数据是指根据指定条件更新满足条件的数据；删除数据是指将数据从数据库中删除。

（二）数据查询用途

数据查询是指在数据表中，根据查询条件对数据库中的数据记录进行搜索，然后筛选出符合条件的记录，并形成新的数据集合，以便对数据库进行查看和分析。

用户在使用数据库中的数据时，并非单独使用某个数据表中的数据，而是将关联表中的数据一起调出使用，有时还需将调出的数据进行一定计算才能使用。此时，使用查询对象就可完成相应操作。

数据查询不仅可查看、搜索和分析数据，还可实现以下 6 项功能。

（1）在数据库中添加、删除或更改数据。

（2）实现数据筛选、计算、排序和汇总等操作。

（3）完成复杂的多表间的查询。

（4）生成新的基本表。

（5）自动处理数据管理任务，如定期查看最新数据。

（6）将查询结果作为其他查询、窗体和报表的数据源。

（三）数据查询类型

1. 选择查询

选择查询是最常用的查询方法。根据用户提供的条件，从一个或多个数据表中检索数据，并在数据表中显示结果；也可对数据进行分组，且对查找到的数据记录进行总计、计数、求平均值及其他类型的统计计算等。

选择查询主要有以下 4 种类型。

（1）简单查询。简单查询是最常用的一种查询方式，可从一个或多个表中将符合条件的数据提取出来，还可继续编辑这些数据或进行其他操作。

（2）汇总查询。汇总查询比简单查询的功能要强大，可提取数据，还能对数据进行各种统计和汇总。

（3）重复项查询。重复项查询能将数据表中相同字段的信息和内容集合在一起显示，主要用于对各种数据的对比分析。

（4）不匹配查询。不匹配查询是将数据表中不符合查询条件的数据显示出来，其作用类似隐藏符合条件的数据。

2. 交叉表查询

交叉表查询可计算某一字段数据的总和、平均值或其他统计值，并对结果进行分组。一组值垂直分布在数据表左侧，另一组值水平分布在数据表顶端，以使数据显示形式更加清晰，让用户更容易理解和分析。比如，若用户在查看产品销售总计的同时又想查看产品每月的销售统计，则可使用交叉表查询，可让每行显示一种产品的总计，每列显示一个月份的产品销售统计。

3. 参数查询

参数查询是指在执行查询时，将弹出“输入参数值”对话框，在输入参数后，会以指定的参数返回查询结果。比如，要查询交通路线的详细信息，可创建一个参数查询，在输入需要查看的交通路线后，即可查询具体信息。

4. 操作查询

操作查询是指在一个操作中更改许多记录的查询，可分为 4 种类型：生成表查询、更新查询、追加查询和删除查询。

（1）生成表查询。生成表查询是从一个或多个表中检索数据，再将结果集中加载到一个新表中。该新表可放在已打开的数据库中，也可在其他数据库中创建。

（2）更新查询。使用更新查询可添加、更改或删除一条或多条现有记录中的数据。可将更新查询视为一种功能强大的“查找和替换”对话框形式，可输入选择条件（相当于搜索字符串）和更新条件（相当于替换字符串）。与“查找和替换”对话框不同，更新查询可接受多个条件，可一次更新大量记录，并可一次更改多个表中记录。

（3）追加查询。追加查询可将一组记录（行）从一个或多个源表（或查询）添加到一个或多个目标表。源表和目标表通常位于同一数据库中，但并非必须如此。比如，用户获得了一些新客户及一个包含这些客户有关信息表的数据库，为避免手动输入这些新数据，可将新数据追加到数据库中相应的表中。

（4）删除查询。删除查询是从一个或多个表中删除一组记录，如使用删除查询删除没有订单的产品。

二、数据检索系统开发及使用

（一）初识检索系统

检索系统是指根据信息资源中不同对象和层次揭示上的需要，由文献目录、索引、机读数据库、网络搜索引擎等信息资源检索工具构成，以不同检索需要为目标且形式多样及完备的系统。

从认知心理学角度出发，基于西蒙和纽厄尔观点，将人的认知系统比作计算机或信息加工系统。人的认知过程通常分为 3 个步骤：第一步，言语知觉；第二步，信息加工；第三步，言语产出。若把人脑比喻成计算机，这 3 个步骤则对应计算机输入信息、加工信息、输出信息 3 个过程。进一步把人脑比作一个检索系统，就可发现使用一个检索系统也需 3 个步骤：第一步，输入请求；第二步，进行查询；第三步，输出结果。

（二）检索工具和环境

1. 检索工具——SQL

根据上述可知，整个检索系统最关键的部分是进行查询，需要使用查询语言，即可在数据清晰的数据表中进行查询的语言——SQL 进行查询。SQL 具有数据定义、数据操纵和数据控制功能。

（1）数据定义功能。定义数据库的三级模式结构，即外模式、全局模式和内模式结构。在 SQL 中，外模式又称视图（View），全局模式简称模式（Schema），内模式由系统根据数据库模式自动实现，一般无需用户过问。

（2）数据操纵功能。包括对基本表和视图的数据插入、删除和修改，且具有很强的数据查询功能。

（3）数据控制功能。主要对用户的访问权限加以控制，以保证系统的安全性。

SQL 包含以下 6 个部分。

（1）数据查询语言（Data Query Language，DQL）。由数据查询语言书写的语句，也称“数据检索语句”，用以从表中获得数据，并确定数据如何在应用程序中给出。保留字 SELECT 是 DQL（也是所有 SQL）中使用最多的动词，其他常用保留字有 WHERE、ORDER BY、GROUP BY 和 HAVING。这些 DQL 保留字常与其他类型的 SQL 语句一起使用。

（2）数据操作语言（Data Manipulation Language，DML）。其语句包括动词 INSERT、UPDATE 和 DELETE，分别用于添加、修改和删除。

（3）事务控制语言（Transaction Control Language，TCL）。其语句能确保被 DML 语句影响表的所有行及时更新，具体包括 COMMIT（提交）命令、SAVEPOINT（保存点）命令、ROLLBACK（回滚）命令。

（4）数据控制语言（Data Control Language，DCL）。其语句通过 GRANT 或 REVOKE 实现权限控制，从而确定单个用户和用户组对数据库对象的访问。某些 RDBMS（Relational Database Management System，关系型数据库管理系统）可用 GRANT 或 REVOKE 控制对表单个列的访问。

（5）数据定义语言（Data Definition Language，DDL）。其语句包括动词 CREATE、ALTER 和 DROP，可实现在数据库中创建新表或修改、删除表，为表加入索引等。

（6）指针控制语言（Cursor Control Language，CCL）。其语句包括 DECLARE CURSOR、FETCH INTO 和 UPDATE WHERE CURRENT 等，用于对一个或多个表单独行的操作。

2. 检索环境——数据存储

（1）不同系统的数据存储。介绍数据存储前，要先了解不同系统数据存储的主要用途。

1）OLTP（OnLine Transaction Processing，联机事务处理）系统。擅长事务处理，在数据操作中保持很强的一致性和原子性，能很好地支持频繁的数据插入和修改，但是一旦数据量过大，OLTP 便力不从心。

2）OLAP（On-Line Analytical Processing，联机分析处理）系统。不擅长对数据进行输入、修改等事务性处理，但擅长对已有大量数据进行多维度的复杂分析。

根据上述可知，大数据时代的数据存储，应更多偏向 OLAP 功能设计的数据库。

（2）不同类型的数据存储。

1）传统数据库。常见的传统数据库有 Oracle、DB2、SQL Server 及开源的 MySQL。

在最初设计时，采用了 SMP（Symmetrical Multi-Processing）架构，是“共享一切”的设计思路，所有数据共用存储，在计算时共用内存，只有 CPU 是并发模式。该架构主要满足 OLTP 的需求，解决数据频繁的增、删、改、查，并支持较小数据量的即时查询。其优点是数据集中，通信开销较小；其缺点是水平扩展能力有限，对巨大数据量的查询和处理效率较低。

2）MPP 数据库。MPP 是一种非共享的设计思路，数据分散在高速局域网的多个集群节点中，每个节点既拥有独立的 CPU，又拥有独立的存储和内存。即使在同一节点，数据的多个 CPU、多个存储区域和内存分区也能平行协作。一旦主机接收到计算任务，会立刻将其分解到多个节点上，节点并行完成任务后进行汇总。非共享集群有极高的数据并发性能，数据加载和计算速度快，节点在理论上可进行无限扩展。MPP 具备以下技术特征。

①低硬件成本。完全使用 x86 架构的 PC 服务器，无需昂贵的 Unix 服务器和磁盘阵列。

②集群架构与部署。采用完全并行的 MPP 和非共享的分布式架构，具有节点对等的扁平结构。

③海量数据分布压缩存储。可处理 PB 级别以上的结构化数据，采用哈希分布、随机存储策略进行数据存储；采用先进压缩算法，以减少存储数据所需空间，可将所用空间减少 1~20 倍，并相应提高 I/O 性能。

④数据加载高效性。基于策略数据加载模式，集群整体加载速度可达 2TB/h。

⑤高扩展、高可靠。支持集群节点的扩容和缩容，支持全量、增量的备份 / 恢复。

⑥高可用、易维护。数据通过副本提供冗余保护，自动进行故障探测和管理，自动同步元数据和业务数据。提供图形化工具，简化管理员对数据库的管理工作。

⑦高并发。读写不互斥，支持数据边加载、边查询，单个节点并发能力大于 300 用户。

⑧行列混合存储。提供行列混合存储方案，从而提高列存数据库特殊场景的查询响应时间。

⑨标准化。支持 SQL92 标准，支持 CAPI、ODBC、JDBC、ADO.NET 等接口规范。

MPP 数据库于 20 世纪 90 年代后出现，MPP 数据库代表有 Teradata、GreenPlum 等。

3）基于 Hadoop 的 Hive 及 HBase 等数据库。Hive 是基于 Hadoop 构建的数据仓库系统，可将数据文件直接映射成表，并提供丰富的 SQL 查询方式，可分析存储在 Hadoop 分布式文件系统中的数据，这套模式简称 Hive SQL。Hive 可将 SQL 语句转化为 MapReduce，从而让不熟悉 MapReduce 的用户也能利用 SQL 语言查询、汇总和分析数据。MapReduce 开发人员则可将自己写的 Mapper 和 Reducer 作为插件，支持 Hive 完成更复杂的数据分析。Hive SQL 支持常见的聚合、关联、条件查询，同时也有类似常规 SQL 的数据库定义语法及数据库修改语法。

Hive 构建在基于静态批处理的 Hadoop 上，Hadoop 通常具有较高延迟，且在作业提交或作业调度时，需占用大量内存和 CPU 资源。因此若数据集规模过大，如达到上百 MB，Hive 执行查询时可能就会有分钟级的时间延迟。总之，Hive 并不适合高实时性的应用，最适合应用于大量不可变数据的批处理作业。Hive 的特点有：可伸缩（在 Hadoop 集群上动态添加设备）、可扩展、容错、输入格式的松散耦合。

HBase（Hadoop Database）是一个高可靠、高性能、面向列、可伸缩的分布式数据库，是谷歌 BigTable 的开源实现，主要用来存储非结构化和半结构化的松散数据。HBase 是 Apache 软件基金会 Hadoop 项目的一部分，基于 HDFS 文件系统，其目标是处理非常庞大的表，可通过水平扩展方式，利用廉价计算机集群，处理由超过 10 亿行数据和数百万列元素组成的数据表。

Hadoop 虽然能很好地解决大规模数据离线批量处理问题，但是受限于 Hadoop MapReduce 编程框架的高延迟数据处理机制，无法满足大规模数据实时处理应用需求。HBase 的出现，解决了该问题。此外，HBase 解决了传统通用关系型数据库无法应对的数据规模剧增导致的系统扩展性和性能问题。在数据结构变化时，传统关系数据库一般需停机维护，而 HBase 仅需增加节点操作即可在线进行扩展。

4）NoSQL 数据库。NoSQL 最常见的解释是“non-relational”（非关系型），而“Not Only SQL”的解释也被很多人接受。NoSQL 仅是一个概念，泛指非关系型数据库，区别于关系数据库，不保证关系数据的 ACID(Atomicity Consistency Isolation Durability，事务管理）特性。关系型数据库应用广泛，能进行事务处理和 JOIN 等复杂处理。相对而言，NoSQL 数据库只应用在特定领域，几乎不进行复杂处理，但弥补了关系型数据库的不足。NoSQL 数据库易于数据分散，便于进行存储扩展，更加容易写入及读取大量数据。目前，常见的 NoSQL 数据库已有上百种，分为"图数据库""键值数据库""文档数据库""列族数据库"等类型，且每种数据库又具有各自的特点。

（三）SQL 查询语句

1. SQL 查询语法要素

（1）SELECT 语句。SELECT 语句可从表中选择数据，其语法格式如下：

```
select < 列名 1>, < 列名 2>, …
from < 表名 >;
```

选择所有数据的语法如下：

```
select *
from < 表名 >;
```

（2）SELECT DISTINCT 语句。SELECT DISTINCT 过滤掉了重复的值：

```
select distinct < 列名 1>, < 列名 2>, …   from < 表名 >;
```

（3）WHERE 语句。WHERE 的条件通常是比较文本、比较数字、AND、OR、NOT 等逻辑运算。实例如下：

```
select * from course where dept_name='Comp. Sci.';
select * from course where credits>3;
select * from course where dept_name='Comp. Sci.' and credits>3;
```

（4）GROUP BY 语句。GROUP BY 语句可分组结果，常用于 COUNT、MAX、MIN、SUM、AVG 等聚合函数。具体语法如下：

```
select < 列名 1>, < 列名 2>, …
from < 表名 >
group by < 列名 >;
```

比如，列出每个部门的课程数量：

```
select count(course_id), dept_name
from course
group by dept_name;
```

（5）HAVING 语句。HAVING 和 WHERE 类似，其语法格式如下：

```
select <列名 1>, <列名 2>, …from <表名> group by <列名 x> having <条件>;
```

HAVING 和 WHERE 的不同之处可看如下例子，该例列出一部门开设的课程数：

```
select count(course_id), dept_name
from course
group by dept_name
having count(course_id)>1;
```

此处 HAVING 不能换成 WHERE，因为 WHERE 针对行操作，且在 GROUP BY 前运行（即先通过 WHERE 筛选行，再将筛选出的行通过 GROUP BY 分组）。假设 SQL 中不存在 HAVING 语句，则只能先新建一张表，将 COUNT(course_id) 作为新表的列，然后在新表上通过 WHERE 进行筛选（实际上 SQL 提供了派生表、CTE 等机制，无需手工建新表）。

（6）ORDER BY 语句。ORDER BY 可对结果进行排序，在没有明确指定 ASC（升序）或 DESC（降序）情况下，默认按升序排列，具体语法格式如下：

```
select <列名 1>, <列名 2>, …
from <表名>
order by <列名 1>, <列名 2>, …, asc|desc;
```

具体实例如下：

```
select * from course order by credits;
select * from course order by credits desc;
```

（7）BETWEEN 语句。BETWEEN 语句用于指定区间，具体语法格式如下：

```
select < 列名 1>, < 列名 2>, …
from < 表名 >
where < 列名 x> between < 值 1> and < 值 2>;
```

其中，“值”可能是数字、文本乃至日期等。

比如，列出薪资在 50 000~100 000 之间的教员：

```
select * from instructor
where salary between 50000 AND 100000;
```

（8）LIKE 语句。LIKE 用于匹配文本中的特定模式，语法格式如下：

```
select < 列名 1>, < 列名 2>, …
from < 表名 >
where < 列名 x> like < 模式 >;
```

模式中可使用以下两个通配符：

1）%：零个、一个或多个字符。

2）_：单个字符。

比如，列出课程名中包含“to”的课程，以及课程 ID 以“CS–”开头的课程，实现语句如下：

```
select * from course where title like '%to%';
select * from course where course_id like 'CS-___';
```

（9）IN 语句。IN 语句表示值属于某个集合，语法格式如下：

```
select < 列名 1>, < 列名 2>, …
from < 表名 >
where < 列名 n> in (< 值 1>, < 值 2>, …);
```

比如，列出计算机科学、物理、电子工程部门的学生，实现语句如下：

```
select * from student
where dept_name in ('Comp. Sci.', 'Physics', 'Elec. Eng.');
```

（10）JOIN 语句。JOIN 用来组合两张以上表中的值，具体语法格式如下：

```
select <列名 1>, <列名 2>, …
from <表名 1>
join <表名 2>
on <表名 1. 列名 x> = <表名 2. 列名 x>
```

JOIN 有 3 种类型：INNER JOIN、LEFT JOIN、RIGHT JOIN。下面给出 3 个例子，分别对应 3 种 JOIN 类型。

第一个例子为 INNER JOIN，列出课程时包含开设课程的部门详情：

```
select * from course
join department
on course.dept_name=department.dept_name;
```

第二个例子为 LEFT JOIN，列出所有具有前置课程的课程详情：

```
select prereq.course_id, title, dept_name, credits, prereq_id
from prereq
left outer join course
on prereq.course_id=course.course_id;
```

第三个例子为 RIGHT JOIN，列出所有课程详情，不管其是否具有前置课程：

```
select course.course_id, title, dept_name, credits, prereq_id
from prereq
right outer join course
on prereq.course_id=course.course_id;
```

2. 精确检索开发

以具体实例学习 SQL 精确检索。假设需从唐诗数据表中找出作者为李白的题目。首先根据数据表信息重新描述：

```
从 唐诗 中选出 作者 是 " 李白 " 的 题目
```

然后，将其翻译成英文：

```
select title from poem where author is " 李白 ";
```

为体现逻辑性，在编程中经常用数学符号表示，所以把 is 换成 =：

```
select title from poem where author = " 李白 ";
```

最后形成一句完整经典的 SQL 精确检索语句。

3. 模糊检索开发

通常，模糊查询的语句如下：

```
select 字段 from 表 where 某字段 like 条件
```

其中，SQL 提供了 4 种关于条件的匹配模式：

1）%：表示 0 个或多个任意字符。可匹配任意类型和长度的字符，有些情况下若是中文，须使用两个百分号（%%）表示。比如：

```
select * from [user] where u_name like '% 三 %'
```

该语句将会把 u_name 为“张三”“张猫三”“三脚猫”“唐三藏”等有“三”的记录全找出来。若需找出 u_name 中既有“三”又有“猫”的记录，可使用 and 条件：

```
select * from [user] where u_name like '% 三 %' and u_name like '% 猫 %'
```

若使用以下语句，虽然能搜索出“三脚猫”，但不能搜索出符合条件的“张猫三”：

```
select * from [user] where u_name like '% 三 % 猫 %'
```

2）_：表示单个任意字符。匹配单个任意字符，可用来限制表达式的字符长度语句。比如：

```
select * from [user] where u_name like '_ 三 _'
```

只找出“唐三藏”这样 u_name 为三个字且中间一个字是“三”的。再比如：

```
select * from [user] where u_name like ' 三 __'
```

只找出“三脚猫”这样 u_name 为三个字且第一个字是“三”的。

3）[ ]：表示括号内所列字符中的一个（类似正则表达式）。指定一个字符、字符串或范围，要求匹配对象为它们中的任一个。比如：

```
select * from [user] where u_name like '[ 张李王 ] 三 '
```

将找出 u_name 为“张三”“李三”“王三”的记录，而不是“张李王三”；

若 [ ] 内有系列字符，如 01234、abcde，则可略写为“0–4”“a–e”，比如：

```
select * from [user] where u_name like ' 老 [1-9]'
```

将找出 u_name 为“老 1”“老 2”……“老 9”的记录。

4）[^]：表示不在括号所列之内的单个字符。其取值和 [ ] 相同，但要求匹配对象为指定字符外的任意字符。比如：

```
select * from [user] where u_name like '[^ 张李王 ] 三 '
```

将找出不姓“张”“李”“王”的“赵三”“孙三”等记录；

```
select * from [user] where u_name like ' 老 [^1-4]';
```

将排除“老 1”到“老 4”，寻找“老 5”“老 6”……

需要注意的是，通配符可导致查询特殊字符“%”“_”“[”的语句无法正常实现，若将特殊字符用“[ ]”括起便可正常查询。因此，可先实现如下所示函数，在查询前将待查字符串经该函数处理即可：

```
function sqlencode(str)
str=replace(str,"[","[[]") ' 此句一定要在最前
str=replace(str,"_","[_]")
str=replace(str,"%","[%]")
sqlencode=str
end function
```

（四）Hue 系统

Hue（Hadoop User Experience）是一个开源的 Apache Hadoop UI 系统，由 Cloudera Desktop 演化而来，是基于 Python Web 框架 Django 实现的。Hue 具有友好简洁的界面，可直接在浏览器端的 Web 控制台上与 Hadoop 集群进行交互来分析处理数据，如操作 HDFS 上的数据、运行 MapReduce Job、执行 Hive 的 SQL 语句、浏览 HBase 数据库等。

大数据技术框架有很多，通常解决一个问题会用到多个框架，且每个框架都有自己的 Web UI 监控界面，并对应不同端口号。比如，HDFS 的端口号是 9000、Yarn 的端口号是 8088，MapReduce 的端口号是 19888 等。Hue 使用统一 Web UI 界面去管理各大数据技术常用框架，以便对大数据进行开发、监控和运维。

Hue 几乎支持所有大数据技术框架，包含 HDFS 文件系统页面（调用 HDFS API，进行增、删、改、查等操作）、Hive UI 界面［使用 HiveServer2、JDBC（Java DataBase Connectivity，数据库连接）方式连接，可在页面上编写 HQL 语句，进行数据分析查询］、Yarn 监控及 Oozie 工作流任务调度页面等。Hue 将这些大数据技术栈整合在一起，通过统一的 Web UI 进行访问和管理，极大提高了大数据用户和管理员的工作效率。

Hue 查询特性包括：图形化交互程序；多应用同平台、便捷的操作流程；提示、自动补全功能；查询结果表格化、图形化显示，结果记忆功能；不同用户定制化服务。Hue 功能丰富，主要包括以下 5 个方面。

（1）使用 Hive 进行数据分析。Hue 提供了极具人性化的 Hive SQL 编辑界面，编辑好 SQL 语句后就可直接查询数据仓库中的数据，还可保存 SQL 语句、查看和删除历史

SQL 语句。对查询出来的数据，可下载并以多种图表形式进行展示。另外，用户还可自定义函数，并通过 SQL 引用执行。

（2）使用 Impala 进行数据分析。和 Hive 一样，Hue 提供了类似图形界面使用 Impala 进行数据查询分析。

（3）使用 Pig 进行数据分析。类似 Hive 和 Impala 在 Hue 中的编辑器，Pig 功能和表达式也可直接在 Hue 中进行编辑和执行。用户可自定义函数和参数，编辑器能自动补全 Pig 关键字、别名和 HDFS 路径，并支持语法高亮。编写好脚本后单击“运行”按钮就可提交执行，同时能查看执行进度、执行结果和日志。

（4）提供可视化 HDFS 文件系统。Hue 提供了可视化 HDFS 文件系统，使 HDFS 中的数据操作完全能通过 UI 界面完成，且能查看文件中的内容。

（5）提供可视化 UI 界面。Hue 提供了可视化 UI 界面以操作 HBase 中的数据。可提供数据展示、不同版本数据查看和其他编辑操作的 UI 界面，也展示数据的排序方式等。

三、数据剪枝及查询优化

（一）分区剪枝

分区剪枝是指优化器自动从 FROM 和 WHERE 子句里根据分区键提取出需扫描的分区，并减少扫描的数据块，以避免全表扫描，从而提高性能。

分区剪枝机制支持以下两种剪枝方式。

1. 排除约束

参数 constraint_exclusion 用于控制排除约束，取值范围：on、off 或 partition，默认为 partition。若参数 constraint_exclusion 为 partition 或 on，则表示启用排除约束；若为 off，则表示不启用。

当启用排除约束时，服务器会检查定义给每个分区的约束，并决定分区是否满足查询。

当执行不包含 WHERE 子句的 SELECT 语句时，查询优化器会生成一个用于搜索整个表的执行计划。

当执行包含 WHERE 子句的 SELECT 语句时，查询优化器会根据 WHERE 子句的条件和表的分区策略，生成一个只访问可能包含满足条件记录分区的执行计划。

若不使用分区表功能，则建议禁用排除约束，以提高性能。

2. 快速剪枝

与排除约束类似，快速剪枝只对包含 WHERE 子句的查询进行优化，且只有当 WHERE 子句中的限定符满足某种格式时，才可进行优化。

参数 polar_comp_enable_pruning 用于控制快速剪枝，取值范围：on 或 off，默认为 on。若参数 polar_comp_enable_pruning 为 on，则表示启用快速剪枝，可快速剪去某些特定查询；若为 off，则表示不启用。

快速剪枝无法优化对子分区表的查询，也无法优化分区对多个列上 RANGE 分区表的查询。快速剪枝的使用说明如下。

（1）对 LIST 分区表的查询。快速剪枝能快速剪去包含 WHERE 子句的查询，运算符为等于（=）或 IS NULL/IS NOT NULL。

下面是一个具体实例。

1）首先指定一个 LIST 分区表：

```
create table sales_hist(..., country text, ...)
    partition by list(country) (
    partition americas values('US', 'CA', 'MX'),
    partition europe values('BE', 'NL', 'FR'),
    partition asia values('JP', 'PK', 'CN'),
    partition others values(DEFAULT)
)
```

2）在该 LIST 分区表的基础上，使用快速剪枝，提取出包含如下 WHERE 子句的信息：

```
where country = 'us'where country is null;
```

通过第一个 WHERE 子句，快速剪枝并排除分区 europe、asia 和 others，因为这些分区不满足 WHERE country = 'US'。

通过第二个 WHERE 子句，快速剪枝并排除分区 americas、europe 和 asia。因为这些分区不满足 WHERE country IS NULL。

（2）对 RANGE 分区表的查询。快速剪枝能快速剪去包含 WHERE 子句的查询。运算符可是等于（=）、大于（>）、大于或等于（>=）、小于（<）、小于或等于（<=），或 IS NULL/IS NOT NULL，也可是更复杂包含运算符 AND 和 BETWEEN 的表达式，比如：

```
where size > 100 and size <= 200
where size between 100 AND 200
```

需要说明的是，快速剪枝不支持包含 OR 或 IN 运算符的表达式。

下面是一个具体实例。

1）首先指定一个 RANGE 分区表：

```
create table boxes(id int, size int, color text)
        partition by range(size)
        (
          partition small values less than(100),
          partition medium values less than(200),
          partition large values less than(300)
          )
```

2）在该 RANGE 分区表的基础上，使用快速剪枝，提取出包含如下 WHERE 子句的信息：

```
where size >100                  -- 扫描 medium 和 large 分区
where size >= 100                -- 扫描 medium 和 large 分区
where size = 100                 -- 扫描 medium 分区
where size <= 100                -- 扫描 small 和 medium 分区
where size <100                  -- 扫描 small 分区
where size >100 and size <199    -- 扫描 medium 分区
```

```
where size between 100 and 199                -- 扫描 medium 分区
where color = 'red'and size = 100       -- 扫描 medium 分区
where color = 'red'and (size > 100 and size < 199) -- 扫描 medium 分区
```

（二）消除重分布

MPP 数据库数据分布在各个节点，分布方式为哈希（hash）、随机（random）和复制（replication）。许多查询在执行中需进行数据交换，如重分布（redistribution）和广播（broadcast）。数据交换导致的费用在整个查询执行过程中占较大比例，同时也消耗网络资源，所以应尽量减少和避免数据交换。

1. 分析查询模式

首先分析数据库系统查询模式，以确定系统中成本最高的查询，并根据查询需求进行初始数据库设计。决定查询总成本的因素包括，查询运行时长及消耗的计算资源。决定查询成本的其他因素为运行频率，以及对其他查询和数据库操作的影响。确定成本最高的查询使用的表后，需评估它们在查询执行中的作用，并考虑表如何连接和聚合。

对一个大表连接多个小表的场景，类似星型模型，可将大表（事实表）和最大小表（维表）的共同列作为数据分布列，并根据最常见连接数据集的大小选择最大维表。若一个表的查询普遍带有 WHERE 语句，则该表只有部分行会参与连接。对其他维表，可根据与其他表的连接情况，采用它们的主键或外键作为分区键。

若一个维表不能通过上述措施实现与事实表的增加合并连接（collocated join），可考虑采用复制（replication）分布方式。

若一个表在很大程度上非规范化且不参与连接，可采用随机（random）分布方式。

2. 设计初始数据库

大数据分析涉及数据量巨大，在生产环境中常产生大批量 DML，因此不建议在表中建立索引，否则会对生产环境造成巨大影响。数据库优化主要是进行数据拆分，其中分库、分表、分区都是数据拆分手段。MPP 数据库是大规模并行处理机制，最理想状态是每个节点数据都平均分布，并能保证每个计算节点的计算性能。所以 MPP 数据库须保证数据平均，防止数据倾斜。

因此，建立表时可根据业务及表数据分布指定好数据表的分布键。每个数据库都有自身特征：Teradata 数据库可指定多个字段为分布键，包括 Date 类型；有些数据库只能指定 Varchar 类型和数字类型，且只能指定一个字段为分布键；Teradata 数据库在不指定 PI 分布键时，默认第一个字段为分布键；有些数据库则不指定分布键，可直接进行随机分布。

MPP 数据库在表关联时，应尽量用分布键作为关联条件，以保证数据在自身计算节点进行关联，而不用进行数据重分布。在进行数据更新时，应先进行关联查询，然后再插入。

（三）避免数据倾斜

MPP 数据库的数据分布在多个节点上，因此会出现数据倾斜问题。数据倾斜一般会导致查询任务运行慢、内存溢出等问题。数据倾斜分为 3 种。

（1）数据存储倾斜。数据在多个节点上分布不均匀。

（2）数据重分布倾斜。在查询过程中，数据 Shuffle 后出现的分布不均匀。

（3）窗口函数查询导致分布不均。内核提供的窗口函数分组字段中所有数据重分布后，出现严重倾斜，造成某些节点数据量过大。

1. 发现数据倾斜

可通过查看数据在各节点上的分布情况判断数据存储是否倾斜，因此数据存储倾斜较容易察觉。数据重分布倾斜和窗口函数查询导致的分布不均，都属于运行时倾斜，需单独监控才能发现。下面以 AnalyticDB PostgreSQL 为例，说明在数据存储倾斜中如何检查数据库级别倾斜和数据表级别倾斜。

（1）数据库级别倾斜检查方法如下：

```
select gp_execution_dbid(), datname,
pg_size_pretty(pg_database_size(datname))
from gp_dist_random('pg_database') order by 2, 1,
pg_database_size(datname) desc;
```

（2）数据表级别倾斜检查方法如下：

```
select gp_execution_dbid(),datname,
pg_size_pretty(pg_total_relation_size(' 表名 '))
from gp_dist_random('gp_id');
```

2. 消除数据倾斜

（1）关于数据存储倾斜。数据存储倾斜通常是因分布键选择不正确造成的。比如，当一个表某个字段的某些值特别多时，若选择该字段并按哈希分布，就会导致该字段的值所在分段（segment）上的数据比其他分段多很多。

为解决该问题，一般会重新选择分布方式。可选择较均匀的分布键，或多列同时作为分布键，也可采用随机分布策略。

（2）关于数据重分布倾斜。数据重分布倾斜主要有两种情况，一种是做 GROUP BY 操作时，因 GROUP BY 字段非分布键，因此运算时会出现数据重分布不均匀；另一种是不同表做连接操作时会导致数据 shuffle，从而出现数据重分布不均。

对 GROUP BY 非分布键导致的数据倾斜问题，内核已做了相关优化，会采用多阶段聚合策略解决问题，具体如下。

1）在分段（Segment）本地聚合。

2）将聚合结果按分组字段在分段上重分布。

3）在分段上聚合重分布后的数据。

4）最后将结果返回给 Master。

对连接不同表操作导致的数据倾斜问题，可采用数据存储倾斜方法解决。尽量将发生连接操作表的关联字段设置为分布键，并使其尽量做局部连接。

（3）关于窗口函数查询导致分布不均。如果是窗口函数查询造成的倾斜，通常采用 mapreduce、pl 函数解决。MapReduce 提供 Partitioner 接口，其作用是根据键取哈希值后再对 reduce 任务数量取模，并决定当前输出数据最终应交由哪个 reduce 任务处理。另外，默认取模方式只为平均 reduce 的处理能力，若用户自己对 Partitioner 有需求，可订制并设置到作业上。

四、联机分析处理系统开发及使用

（一）OLAP 概述

1. 概念

联机分析处理 (OLAP) 能使分析人员、管理人员或执行人员对多个维度的数据进行即席分析，并进行复杂计算、趋势分析和复杂数据建模，从而更深入了解数据，更好地制定决策。OLAP 主要用于支持企业决策管理分析，是商务智能（BI）应用程序背后的技术。OLAP 技术已被定义为实现“快速访问共享多维信息”的能力。OLAP 核心概念是维（dimension)。维是人们观察客观世界的角度，是一种高层次的类型划分。

2. 基本内容

OLAP 包含以下重要概念。

（1）维度。维度是人们观察数据的特定角度，是与业务主题相关的一组属性。单个属性或属性集合可构成一个维度，如时间、地理位置、部门、岗位、年龄和性别等都是维度。

（2）维的层次。一个维往往可具有多个层次。比如，时间维度分为年、季度、月和日等层次；地区维度是国家、地区、省、市等层次。此处层次表示数据细化程度。

（3）维的成员。维的成员是维的一个取值，是对数据项在某个维度中位置的描述。若维是多层次的，则不同层次的取值构成一个维成员。部分维层次同样可构成维成员，如“某年某季度”“某季某月”等都是时间维成员。

（4）度量。度量表示事实在某一个维成员上的取值。比如，开发部门汉族男性有 39 人，表示在部门、民族、性别 3 个维度上，企业人数的事实度量。

（5）多维数组。多维数组用维和度量的组合表示。一个多维数组可以表示为“(维 1，维 2，……，维 n，变量)”，如“(部门，岗位，性别，人数)”组成一个多维数组。

（6）数据单元（单元格)。数据单元是指多维数组的取值。当多维数组中每个维度上的索引都确定时，该索引组合唯一地定位了一个数据单元，该数据单元存储了一个具体的值，这个值可以表示为“维 1 成员，维 2 成员，……，维 n 成员”所定位的数据单元的值。比如“客舱管理部，男，乘务长，1 人”表示一个数据单元，表示客舱管理部男性乘务长有 1 人。

（7）事实。事实是不同维度在某一取值下的度量。比如，客舱管理部男性乘务长有 1 人，就表示在部门、性别、岗位 3 个维度上人数的事实度量。

3. 特点

根据 OLAP 委员会的定义，OLAP 是一类软件技术，使分析人员、管理人员或执行人员能从多种角度，对从原始数据中转化出来、能真正为用户理解并真实反映企业特性的信息，进行快速、一致、交互地存取。其特点有如下 4 个方面：

（1）快速性。用户对 OLAP 快速反应能力有很高的要求。系统应能在用户要求的时间内对用户大部分的分析要求做出反应，因此需一些技术上的支持。OLAP 采用多种技术提高相应速度，如专门的数据存储格式、大量预处理、特殊硬件设计等，并通过减小在线分析处理动态计算、事先存储 OLAP 所需粒度数据等主要手段、提高 OLAP 响应速度。

（2）可分析性。OLAP 系统应能处理与应用有关的任何逻辑分析和统计分析。用户无需编程就可定义新的专门计算，将其作为分析的一部分，并以用户理想方式给出报告。用户可在 OLAP 平台上进行数据分析，也可连接到其他外部分析工具上，如时间序列分析工具、数据挖掘工具等。

（3）多维性。多维性是 OLAP 的关键属性。系统提供对数据的多维视图和分析，包括对层次维和多重层次维的支持。多维分析是分析企业数据最有效的方法，是 OLAP 的核心。

（4）信息性。不管数据量有多大，也不管数据存储在何处，OLAP 系统应能及时获得信息，并能管理大容量信息。当然有许多因素需考虑，如数据可复制性、可利用的磁盘空间、OLAP 产品的性能及与数据仓库的结合度等。

（二）OLAP 分类

OLAP 按不同划分规则可划分为不同类型，可按建模方式、处理方式分类，也可按存储方式分类。

1. 按建模方式分类

按建模方式可分为宽表模型、星型模型和雪花模型，具体如下。

（1）宽表模型。将事实数据和维度数据放在一张表里，可作为一张大宽表。

（2）星型模型。由事实表和维度表组成，一个星型模型中可有一个或多个事实表，每个事实表引用任意数量的维度表。星型模型的物理模型就像一颗星星，中心是一个事实表，围绕在事实表周围的维度表则表示星星的放射状分支。

（3）雪花模型。由事实表和维度表组成，将低基数的属性从维度表中移除并形成单独的表。基数是指一个字段中不同值的个数，如性别类的列，基数就很低。在雪花模式中，一个维度被规范化成多个关联的表；而在星型模式中，每个维度由一个单一维度表表示。可见，星型模型是雪花模型的一个特例(维度没有多个层级)。

2. 按处理方式分类

按处理方式，可分为服务端 OLAP 和客户端 OLAP，具体如下。

（1）服务端 OLAP。绝大多数 OLAP 系统都属于此类。服务端 OLAP 在服务端数据库上建立多维数据立方体，由服务端提供多维分析，并将最终结果呈现给用户。

（2）客户端 OLAP。将相关立方体数据下载到本地，由本地为用户提供多维分析，从而保证发生网络故障时仍能正常工作。

3. 按存储方式分类

按其存储器的数据存储方式，可分为关系 OLAP（Relational OLAP，ROLAP）、多维 OLAP（Multidimensional OLAP，MOLAP）和混合型 OLAP（Hybrid OLAP，HOLAP）3 种类型。

（1）关系 OLAP（ROLAP）。ROLAP 将分析用的多维数据存储在关系数据库中。该方式依赖 SQL 语言实现传统 OLAP 的切片和切块功能。其实，切片和切块等动作都等同于在 SQL 语句中添加 WHERE 子句。ROLAP 工具不使用预先计算的多维数据集，而是对标准关系数据库及其表进行查询，以获取回答问题所需的数据。ROLAP 工具具有询问任何问题的能力，只因该方法（SQL）不仅限于多维数据集内容。

尽管 ROLAP 使用关系数据库作为底层存储，但这些数据库一般要对 ROLAP 进行相应优化，如并行存储、并行查询、并行数据管理、基于成本的查询优化、位图索引、SQL 的 OLAP 扩展（cube, rollup）等。

（2）多维 OLAP（MOLAP）。MOLAP 是 OLAP 的经典形式。MOLAP 将数据存储在优化的多维数组中。维的属性值被映射成多维数组的下标值或下标范围，而度量数据作为多维数组的值被存储在数组单元中。因 MOLAP 采用了新的存储结构，并从物理层实现，因此又称物理 OLAP（PhysicalOLAP）；ROLAP 主要通过一些软件工具或中间软件实现，物理层仍采用关系数据库的存储结构，因此称虚拟 OLAP（VirtualOLAP）。

一些 MOLAP 工具为了提高查询效率，要求事先对数据进行预计算并存储。这些工具通常利用一个名为“数据立方体”的结构，来存储预先计算好的多维数据集，以便快速响应复杂的分析查询。数据立方体包含给定范围问题的所有可能答案，因此对查询响应很快。另外，根据预计算程度，更新可能需要很长时间，预计算也可能导致“数据爆炸”。

（3）混合型 OLAP（HOLAP）。由于 ROLAP 和 MOLAP 有着各自的优点和缺点，且它们的结构迥然不同，这给分析人员设计 OLAP 结构提出了难题。为此，一个新的 OLAP 结构——混合型 OLAP 出现了，HOLAP 通过允许同时使用 MDDB（Multi Dimensional Data Base，多维数据库）和 RDBMS 作为数据存储，弥合上述两种产品的技术差距。HOLAP 允许模型设计者决定将哪些数据存储在 MDDB 中，哪些存储在 RDBMS 中，如将大量详单数据存储在 RDBMS 中，而预先计算的聚合数据存储在 MDDB 中。

（三）OLAP 典型操作

OLAP 的操作是以查询即数据库的 SELECT 操作为主，查询可以很复杂，如基于关系数据库的查询，可多表关联，可使用 COUNT、SUM、AVG 等聚合函数。OLAP 正是基于多维模型定义了一些常见面向分析的操作类型，以使这些操作显得更加直观。

OLAP 的基本多维分析操作包括下钻 (drill down)、上卷（roll up）、切片 (slice) 和切块 (dice)、旋转 (pivot)、钻过（drill across）、钻透（drill through）等。下面介绍几种相对典型的操作。

（1）下钻。在维的不同层次间变化，从上层降到下一层，或者是将汇总数据拆分到更细节的数据。比如，通过对 2020 年第二季度总销售数据进行钻取，查看 2020 年第二季度每个月的销售数据，也可钻取福建省查看福州市、厦门市等城市的销售数据。

（2）上卷。钻取的逆操作，即从细粒度数据向高层聚合，如将江苏省、上海市和浙江省的销售数据进行汇总，以查看江浙沪地区总体销售数据。

（3）切片。选择维中特定值进行分析。比如，只选择经济舱机票销售数据，或2020年第二季度的数据。

（4）切块。选择维中特定区间的数据或某批特定值进行分析。比如，选择2020年第一季度到2020年第二季度的销售数据，或是经济舱机票和商务舱机票的销售数据。

（5）旋转。维的位置互换，类似二维表的行列转换，如通过旋转实现产品维和地域维的互换。

（四）OLAP技术选型

1. OLAP数据仓库选型

（1）按数据量考虑。数据量是引擎选型最重要的一个参考点，因为随着数据量增加，对引擎的处理能力和查询响应提出了更大挑战。对不同量级数据有不同的引擎可供选择，见表5-28。

表5-28　不同量级数据不同的引擎选择

数据量	引擎
小于千万级	传统数据库，如MySQL、PostgreSQL等
千万至百亿级	分析型数据库，如Greenplum、Impala、Presto、Drill等
百亿级以上	离线数仓，如Hive、Spark、Druid等

若数据量是百万、千万级别较小的量级，则数据库选项就较随意，甚至不用选择那些专门面向OLAP的引擎和数据库，只需选用传统关系型数据库，然后再加上一些辅助的分析引擎（如Mondrian），即可满足需求。

当数据量达到上亿甚至十亿级别的量级，此时普通的关系型数据库无法满足需求，需要使用能满足该量级需求的引擎，如Impala、Presto、GreenPlum、Drill等。

数据量若达到百亿级别，就需要使用Hive和Spark等，但是查询响应时间却无法保证，耗时从分钟到小时都有可能。

（2）按用途和架构考虑。

1）离线批处理引擎。离线批处理引擎主要用于复杂的ETL、构建数据仓库、数据挖掘等对延时要求不高但灵活性大的处理引擎，典型代表如 Hive、Spark。该类引擎的典型优点是吞吐量大、扩展性好、容错性好；缺点是低效，适合规模大、逻辑复杂的任务。

随着 MapReduce 的发布和衍生技术的出现，不论是 Hadoop 还是 Spark 等工具，共同思想都是将数据文件切片成独立任务做并行计算。其中一些算子需通过 Shuffle 实现，会产生落地的中间结果集或缓存数据集，需通过 HDFS 备份计算中间结果进行容错，再加上任务调度等问题，可能导致系统整体效率降低。但是该技术扩展性极好，理论上的扩展瓶颈只在元数据节点，让更大吞吐量的批处理成为可能，所以非常适合离线数仓构建或大型的 ETL 场景。

2）MPP。MPP 架构在 Hadoop 出现前就已大规模应用于企业数仓建设，Hadoop 也一度被认为是 MPP 的替代方案。MPP 每个节点都有独立的磁盘存储系统和内存系统，业务数据根据数据库模型和应用特点可被划分到各节点上，每台数据节点通过网络彼此协同计算，并作为整体提供数据库服务。MPP 具有完全的可伸缩性、高可用、高性能、优秀的性价比、资源共享等优势；有很好的数据量和灵活性支持，但对响应时间却无法保证；有很多存储模型，如行存、列存、行列混存等，以节省内存加速查询。当数据量和计算复杂度增加后，响应时间会变慢，从秒级到分钟级，甚至小时级都有可能。

现在流行的 Hadoop 生态优势更加明显，但 MPP 依然有其价值，因此大部分企业用户渴望 MPP On Hadoop。于是，产生了 Presto、Impala、HAWQ 等产品，它们在 HDFS 上层提供执行引擎及优化，提供并行计算能力，具有更低的查询延时，缺点则是伸缩性和稳定性差。

3）预计算。预计算系统（Druid/Kylin 等）在入库时对数据进行预聚合，通过 KV 存储结果集，进一步牺牲灵活性换取高性能，以实现对超大数据集的秒级响应。

对于那些没有直接用这些产品但间接实现了预计算的，也属于预计算这一类。这种方式会结合流 / 批计算引擎及 KV 存储的综合使用，如 Hive/Flink 计算结果集后写入 HBase/ 阿里云表格存储等 KV 存储。这一类灵活性差，数据需求变更后会影响数据模型。若支持多维度自由组合，需计算数据立方体，会面临膨胀等问题，且对于是“预计算 + 查询时计算”还是“全部预计算”，要进行取舍。

4）其他引擎。这类引擎在入库时创建索引，基于各自的存储模型进行优化，查询时做并行计算。另外，在常规多维度聚合计算效率方面，Elasticsearch、Solar 及 Histore 与 MPP 引擎相比表现相当。

2. BI 报表选型

BI 报表系统本身是一个软件，但涉及业务的方方面面，为公司经营提供重要的辅助作用。选择 BI 报表工具时，须从多个不同方面考察，才能知道哪个 BI 报表工具更适合实际。在选择 BI 报表工具时，通常需考虑以下 4 个方面的因素。

（1）目标受众群体。选择 BI 报表工具时，首先应考虑是针对部门技术人员，还是高级业务领导。若针对高级业务领导，则首先考虑选择功能较多、可视化功能较强的报表软件；若只是针对 IT 部门，则可考虑带有编程的 BI 报表。

（2）深入了解工具特点。深入了解工具的特点及侧重点，以及使用该工具可提高的效率。确认产品是否包含必备功能，如易于理解和支持的数据源、过滤器、数据可视化等。这些功能较常用，在操作过程中还能做出更好用的报表。不同产品有不同特性，比如，Tableau 具有精美的可视化效果，Power-BI 侧重于各行业解决方案，Speed-BI 偏向于大数据云平台。此外，还需从技术上进行分析，如支持哪些数据库；是否可以连接到预置系统；用户如何进行交互，是通过浏览器、桌面应用程序还是服务器软件；支持哪些操作系统；有哪些运行硬件要求；技术是否与企业当前或未来状态保持一致。此外，还应结合产品路线图，分析产品工具是否符合工作战略愿景。

（3）产品增值服务。是否提供顾问服务或围绕产品的增值服务。若工具较复杂，可选择第三方软件，这样日常操作过程就会变得更加简单。

（4）社区。该工具是否拥有强大的在线社区、论坛等。在操作过程中如遇到障碍，应确保能从专家或社区得到解决方案。

五、数据查询项目案例

（一）项目需求说明与分析

1. 项目需求说明

项目需求说明如下：一张浏览日志表，记录用户在系统前端进行浏览的行为；一张操作日志表，记录客户在系统前端进行各种点击操作的行为；一张订单表，记录客户实际下单信息。三张表每日的数据总体增量超过亿条。将各种用户行为信息组合后，与注册用户的基础信息表进行关联，分析不同种类用户的行为特征，然后在宽表基础上生成一张用户行为统计表，即用户每天行为表。每天都要取前 10 天的总交易额、总笔数和最近一天的客户级别。

关联完成的数据最终需实现可跨月查询，并支持 1 年以上的历史数据查询与导出，且实现按条件的数据查询秒级返回。另外，查询字段都是固定的，无需提供全文检索功能。

2. 项目需求分析

要实现数据查询秒级返回，可让业务用户在前端通过 ElasticSearch（以下简称 ES）对最终宽表进行查询。首先，ES 性能要好，在性能最佳的情况下，要求机器内存至少可容纳总数据量的一半。其次，只要将用来检索的少数几个字段写入 ES 中即可，如 id、name、age 三个字段。然后，将其他的字段数据存在 HBase 里，这里一般建议用 "ES+HBase" 架构。

可在 Hive 通过 SQL 语句关联日志表及用户表等进行数据查询，最终将查询后的宽表数据写入 HBase。若有部分用户在浏览时还未登录或尚未注册的，会导致日志中出现 user_id 为空的问题，若取全网日志中的 user_id 与 users 关联，则会碰到数据倾斜问题。要在宽表基础上生成一张用户行为统计表，即用户每天行为表，主键为 user_id 和日期，属性为客户级别，指标为交易金额、交易笔数。

（二）项目案例实施

1. 查询环境优化

本项目的 ES 需进行如下优化。

（1）关闭不需要字段的 doc_value。

（2）尽量使用关键词（keyword）替代 long 或 int 类型的数据，因为词条查询的性能比范围查询的好。

（3）关闭无需查询字段的 _source 功能，不将此存储进 ES 中，以节省磁盘空间。

（4）若无需评分，可使用 filter 过滤关闭评分功能，score 为 0，若使用 constantScore Query，则 score 为 1。

（5）关于排序，增加一个 long 字段，用于存储时间和用户 ID 的组合 (通过移位即可)，正排与倒排性能相差不明显。

（6）关于 CPU 消耗，检索时若需排序则要将字段进行对比，若消耗 CPU 较大，则应尽量分配 16 核以上的 CPU，具体要看业务压力。

（7）关于合并被标记删除的记录，设置为 0，表示合并时一定会删除被标记的记录，但默认被标记的记录数量需要超过总记录数的 10% 才删除。

以下是 ES 的 Mapping 配置参考。

```
{"mappings":
    { "data":
        { "dynamic": "false",
        "_source":
            { "includes": ["XXX"] -- 仅将查询结果所需的数据存储在 _source 中 },
            "properties":
            { "state":
                { "type": "keyword", -- 虽然 state 为 int 值，但若无需做范围查询，
尽量使用 keyword，因为 int 会增加额外消耗。
                "doc_values": false -- 关闭不需要字段的 doc values 功能，仅对需排
序、汇聚功能的字段开启。},
            "b":
             { "type": "long" -- 使用范围查询字段，需用 long 或 int 之类 （构建类
似 KD-trees 结构）}
            }
        }
    },
    "settings": {......}
}
```

2. 数据倾斜调优

对于因用户 ID 为空而产生的数据倾斜有两种解决方案。

（1）方法 1。 user_id 为空的不参与关联，进行 JOIN 或 UNION 前，将 user_id 为空的数据进行排除，如以下代码所示：

```
select * from logs a
join users b
on a.user_id is not null
  and a.user_id = b.user_id
union all
select * from log a
  where a.user_id is null;
```

（2）方法 2。赋与空值新的 key 值，进行关联前，将为空的 user_id 赋予一个随机值，如以下代码所示：

```
select *
  from log a
  left outer join bmw_users b
  on case when a.user_id is null then concat('dp_hive',rand() ) else a.user_id end =
b.user_id;
```

总之，方法 2 比方法 1 效率更高，不但必要的 IO 操作次数减少了，而且作业数也少了。方法 1 读取两次 log，作业数是 2。方法 2 的作业数是 1。该优化适合无效 ID 产生的倾斜问题。将空值键（key）变成一个字符串加上随机数，就能将倾斜数据分到不同的 reduce 上，从而解决数据倾斜问题。

3. 查询语句优化

常规方法如下。

（1）利用分析函数，取每个 user_id 最近一天的客户级别，存入临时表 t1；

（2）汇总 10 天的总交易金额和交易比数，存入临时表 t2；

（3）关联表 t1 和表 t2，得到最终结果。

常规方法需进行两次汇总，并进行一次关联。

优化方法只需进行一次汇总，且无须进行关联。其思路是：直接将日期与客户级别字段拼接，并通过 max 函数得到最近一天的客户级别，同时使用 sum 汇总近 10 天的交易笔数和交易金额，如以下代码所示：

```
select user_id,
substr(max(concat(data_date,user_level)),9) as user_level,
   sum(qty),
   sum(amt)
from users
where ds between 20231201 and 20231210
group by user_id;
```

优化方法开销等于常规方法第二步的开销，整体性能提升超过 2 倍。另外，该方法在 RAC 上也适用。

思考题

1. 请阐述数据采集的数据源。
2. 请阐述离线数据采集和实时数据采集的区别，以及各自的应用场景。
3. 请对脏数据做简要分析。
4. 请简述数据计算的方式，并描述其适用场景。

参考文献

［1］林子雨．大数据导论［M］．北京：人民邮电出版社，2020.

［2］林子雨．数据采集与预处理［M］．北京：人民邮电出版社，2022.

［3］陆嘉恒．Hadoop 实战．［M］．2 版．北京：机械工业出版社，2012.

［4］Tom White．Hadoop 权威指南（中文版）［M］．周傲英，等译．北京：清华大学出版社，2010.

［5］黄宜华．深入理解大数据——大数据处理与编程实践［M］．北京：机械工业出版社，2014.

［6］蔡斌，陈湘萍．Hadoop 技术内幕——深入解析 Hadoop Common 和 HDFS 架构设计与实现原理［M］．北京：机械工业出版社，2013.

［7］刘鹏，黄宜华，陈卫卫．实战 Hadoop［M］．北京：电子工业出版社，2011.

后 记

数据时代的到来为大数据技术带来了越来越多的关注。“大数据”三个字不仅代表字面意义上的大量非结构化和半结构化数据，更是一种崭新的视角，即用数据化思维和先进的数据处理技术探索海量数据之间的关系，将事物本质以数据视角呈现在人们眼前。

随着数字经济在全球加速推进及5G、人工智能、物联网等相关技术的快速发展，数据已成为影响全球竞争的关键战略性资源。我国对大数据产业的发展尤为重视，2013年至今，国家相关部委共发布20多份与大数据相关的文件，鼓励大数据产业发展。大数据逐渐成为各级政府关注的热点。

大数据产业之所以被各地政府重视，是因为其是以数据及数据所蕴含的信息价值为核心生产要素，通过数据技术、数据产品、数据服务等形式，使数据与信息价值在各行业经济活动中得到充分释放的赋能型产业，其适合与各种行业融合，作为各种基础产业的助推器。大数据已不再仅仅是一种理论或视角，而是深入每一个需要数据、利用数据的场景中去发挥价值、挖掘价值的实用工具。

我国的大数据产业正处于蓬勃发展的阶段，需要大量的专业人才为产业提供支撑。以《人力资源社会保障部办公厅 市场监管总局办公厅 统计局办公室关于发布人工智能工程技术人员等职业信息的通知》（人社厅发〔2019〕48号）为依据，在充分考虑科技进步、社会经济发展和产业结构变化对大数据工程技术人员专业要求的基础上，以客观反映大数据技术发展水平及其对从业人员专业能力的要求为目标，根据《大数据工程技术人员国家职业技术技能标准（2021 年版）》（以下简称《标准》）对大数据工程技术人员的专业活动内容进行规范细致描述，明确各等级专业技术人员的工作领域、工作内容及知识水平、专业能力和实践要求，人力资源社会保障部专业技术人员管理司指导工业和信息化部教育与考试中心组织有关专家开展了大数据工程技术人员培训教程的编写工作。

本系列教程是开展大数据工程技术人员职业技术技能培训的参考用书，读者也可基于教程自学并强化《标准》中要求大数据工程技术人员掌握的知识与技能。根据《标准》定义，大数据工程技术人员面向 3 个岗位群方向：从事数据采集清洗、ETL 等工作的大数据处理岗位群，从事数据分析挖掘及数据展示的大数据分析岗位群，还有从事数据运维、安全管理方面的大数据管理岗位群。区分不同方向，一方面有利于对岗位群所需的知识技能素质建立模型，从而开展科学的、具有针对性的人才培养；另一方面有利于不同地区各层级高校作为人才培养实施方，根据当地产业情况的方向有针对性地开展培养工作。

为了使广大专业技术人员和相关技术领域的企事业单位管理人员能够更好地了解大数据工程技术人员需掌握的基本知识与关键技能，将其理解并运用到各领域的大数据工程与项目中，帮助有梦想、有热情、有能力的专业技术人员或相关专业的高校毕业生对大数据工程技术这一领域有充分认知，能选择并投身大数据工程技术领域从事专业技术工作，我们在深入研究大数据工程技术领域涉及的理论、技术、工具的基础上，按照《标准》要求，对本系列教程进行了规划。

本系列教程设有三个等级，分别为初级、中级、高级，对应《标准》中的专业技术等级，其内容涵盖的知识与能力要求依次递进。

大数据工程技术人员中级培训教程包含《大数据工程技术人员（中级）——大数据处理》《大数据工程技术人员（中级）——大数据分析》《大数据工程技术人员（中级）——大数据管理》，共 3 本。本教程内容涵盖了本职业方向中应具备的专业能力和相关知识要求。

本教程读者为大学专科学历（或高等职业学校毕业）以上，具有较强的学习能力、计算能力、表达能力及分析、推理和判断能力，参加全国专业技术人员新职业培训的人员。

大数据工程技术人员需按照《标准》的职业要求参加有关课程培训，完成规定学时；取得学时证明。其中初级 128 标准学时、中级 128 标准学时、高级 160 标准学时。

本教程编写过程中，得到了人力资源社会保障部、工业和信息化部相关部门的正确领导，得到了林世舒、龚坚平、林开标、翁伟、张蔚、林建兴、祁鲁、赵瑞等一些来自高校、科研院所、企业的专家学者的大力帮助和指导，同时参考了多方面的文献，吸收了许多专家学者的研究成果，在此表示由衷感谢。

因编者水平、经验与时间所限，本书的不足与疏漏之处在所难免，恳请广大读者批评与指正。

本书编委会